Jeûne Intermittent, Fasting

La Méthode Ultra Efficace pour

Perdre du Poids Rapidement

et Vivre Longtemps

Teresa COOK
© 2020 Teresa COOK

Tous les droits sont réservés. Aucune partie de ce livre ne peut être reproduite ou transmise sous quelque forme que ce soit par quelque moyen que ce soit, électronique, mécanique, par photocopie, enregistrement ou autrement, sans l'autorisation écrite préalable de l'éditeur.

Clause de non-responsabilité

Les informations contenues dans cet ouvrage sont distribuées « telles quelles », sans garantie. Bien que toutes les précautions aient été prises lors de la préparation du livre, ni l'auteur ni l'éditeur ne sauraient être tenus pour responsables envers toute personne ou entité des dommages causés ou supposés être causés directement ou indirectement par les instructions contenues dans ce livre ou par les produits qui y sont décrits.

Marques de commerce

De nombreuses désignations utilisées par les fabricants et les vendeurs pour distinguer leurs produits sont revendiquées en tant que marques de commerce. Lorsque ces désignations apparaissent dans ce livre et que l'éditeur était au courant d'une revendication de marque, les désignations apparaissent à la demande du propriétaire de la marque. Tous les autres noms de produits et services identifiés dans ce livre sont utilisés uniquement à des fins éditoriales et au profit de ces sociétés, sans intention de contrefaire la marque. Aucune utilisation de ce type, ou l'utilisation d'un nom commercial, n'est destinée à véhiculer une approbation ou une autre affiliation avec ce livre.

Table des matières

Introduction **11**

Partie 1 : Comprendre le jeûne intermittent **13**

    Qu'est-ce que le jeûne intermittent ? -- 14

    Les bienfaits du jeûne intermittent pour la santé ---------------------- 14

    États du corps après les repas -- 16

    Histoire et types de jeûne --- 18

    Les programmes de jeûne intermittent les plus populaires --------- 20

    Quel plan allez-vous suivre ? --- 29

    Devriez-vous jeûner ? -- 33

    Le jeûne pour la gestion du poids --- 35

    Se préparer à jeûner --- 38

Partie 2 : Réussir le jeûne intermittent **45**

    Préparez votre esprit -- 46

    Surmontez la négativité -- 46

    Pensez positivement -- 47

    Méfiez-vous de la voix négative -- 47

    Concentrez-vous sur le grand objectif ---------------------------------- 47

    Retrouvez la clarté mentale --- 48

    Oui, vous allez avoir faim ! -- 49

    Votre corps va se stabiliser ! -- 49

    Dites adieu à la bouffissure ! --- 50

    Psychologie de la faim --- 50

    Notez le tout -- 51

    Indices de la faim -- 51

    Buvez beaucoup d'eau --- 52

    Restez occupé -- 52

    Atténuez le stress --- 53

    Dormez suffisamment --- 53

    Ghréline et Leptine --- 54

    Restez concentré -- 54

- Éliminez les déclencheurs --- 55
- Concevez votre plan de repas --- 55
- Suivez ce que vous savez --- 56
- Établissez une liste de courses --- 56
- Préparez vos repas --- 57
- Mangez consciencieusement --- 57
- Dois-je nettoyer mon assiette ? --- 58
- Les petites assiettes sont meilleures --- 58
- Prenez votre temps --- 59
- Choisissez le bon régime alimentaire --- 59
- N'observez pas trop la balance --- 60
- Avant et Après --- 60
- Mesures du corps --- 60
- Il y aura des hauts et des bas --- 62

Partie 3 : Effets du jeûne intermittent ... 63
- Le jeûne et le mode de vie sain --- 64
- Le jeûne et la perte de poids --- 64
- Le jeûne et la graisse viscérale --- 65
- Le jeûne et les régimes alimentaires --- 65
- Le jeûne et les femmes --- 66
- Le jeûne et l'hormone de croissance --- 67
- Le jeûne et l'autophagie --- 67
- Le jeûne et le cholestérol --- 69
- Le jeûne et le mode famine --- 70
- Le jeûne et les boissons --- 71
- Le jeûne et le rythme circadien --- 71
- Le jeûne et la perte musculaire --- 72
- Le jeûne et le diabète --- 73
- Le jeûne et les maladies chroniques --- 74
- Le jeûne et l'exercice --- 75

Partie 4 : Alimentation au jeûne intermittent ... 77
- Maintenir un ratio de glucides, de protéines et de lipides --- 78

- L'importance des micronutriments — 78
- Alimentation d'un régime cétogène — 79
- Alimentation d'un régime Paléo — 80
- Alimentation d'un régime Pegan — 81
- Alimentation d'un régime Low-FODMAP — 82
- Alimentation d'un régime Low-Carb — 83
- Céréales — 84
- Produits laitiers — 86
- Viande et volaille — 87
- Œufs — 88
- Fruits de mer — 89
- Fruits et légumes — 90
- Gras et huiles — 92
- Sucre — 93

Partie 5 : Recettes adaptées pour le jeûne intermittent — **95**
- Casserole pour le petit-déjeuner — 96
- Hachis de dinde aux œufs — 98
- Gruau d'avoine à l'orange et à la grenade — 99
- Scrambler — 101
- Bol aux noix de coco et au cacao — 102
- Avoine aux épices et à la citrouille — 103
- Galettes de saucisses au poulet — 104
- Nouilles au pesto — 106
- Omelette au bacon et aux légumes — 107
- Omelette au saumon — 108
- Soupe aux patates douces et à la moutarde — 110
- Soupe aux haricots blancs — 112
- Chili végétalien — 114
- Galettes d'agneau — 116
- Médaillons de porc aux champignons — 118
- Bavette de bœuf aux agrumes — 120
- Salade au filet mignon — 122

Bœuf aux épinards et aux patates douces — 124
Poivrons farcis à la dinde hachée — 126
Burgers au poulet — 128
Tajine de poulet à la mijoteuse — 130
Poulet au citron et au thym — 132
Blanc de poulet farci aux épinards et au féta — 134
Saumon aux herbes — 136
Coquilles Saint-Jacques cuites au four — 138
Curry de poisson — 140
Poivrons farcis aux lentilles — 142
Poulet grillé — 144
Aubergine Parmigiana — 145
Trempette aux artichauts — 148
Betteraves rôties — 150
Tomates farcies aux champignons — 152
Confiture d'oignons — 154
Œufs farcis — 156
Granola aux canneberges et aux amandes — 158
Mini Pizza aux aubergines — 160
Muffins façon pizza au quinoa — 162
Confiture de graines de chia aux framboises — 164
Pommes au four — 166
Chutney aux canneberges — 168
Mug Cake au chocolat — 169
Barres à l'avoine et aux framboises — 170
Cookies au beurre d'arachide — 171
Tarte aux pêches — 172
Salade de fruits au gingembre — 173

À propos de l'auteure..................175
Conversion des unités de mesure..................176

Jeûne Intermittent

Introduction

Le jeûne intermittent n'est pas un nouveau régime à la mode - c'est une façon totalement différente de manger, qui est conçue pour vous aider à tirer le maximum de nutriments des aliments que vous mangez, tout en vous aidant à réduire votre apport calorique total...

Le jeûne intermittent, en termes simples, consiste à alterner les périodes de jeûne et de repas. C'est actuellement une méthode très populaire pour perdre du poids et améliorer la santé.

Non seulement c'était le terme de recherche le plus « tendance » pour la perte de poids en 2019, mais il a également été mis en évidence dans un article de synthèse du New England Journal of Medicine.

Mais il n'y a rien de nouveau dans le jeûne. En fait, le jeûne intermittent pourrait bien être un ancien secret de santé. Il est ancien, car il a été pratiqué tout au long de l'histoire de l'humanité. C'est un secret, car cette habitude potentiellement puissante avait jusqu'à récemment été, à bien des égards, pratiquement oubliée, notamment en ce qui concerne notre santé.

Cependant, de nombreuses personnes redécouvrent aujourd'hui cette intervention alimentaire. Depuis 2010, le nombre de recherches en ligne sur le « jeûne intermittent » a augmenté d'environ 10 000 %, la majeure partie de cette augmentation ayant eu lieu ces dernières années.

Le jeûne intermittent peut avoir des effets bénéfiques importants sur la santé s'il est bien pratiqué, notamment la perte d'un excès de poids, le traitement du diabète de type 2 et bien d'autres choses encore. De plus, il peut vous faire économiser du temps et de l'argent.

Le plus beau dans le jeûne intermittent, c'est qu'il ne vous oblige pas à renoncer à vos aliments préférés ! Vous apprendrez à changer QUAND manger, pour ne pas avoir à changer CE que vous mangez !

L'objectif de ce guide est de vous fournir tout ce que vous devez savoir sur le jeûne intermittent, afin de pouvoir vous lancer correctement.

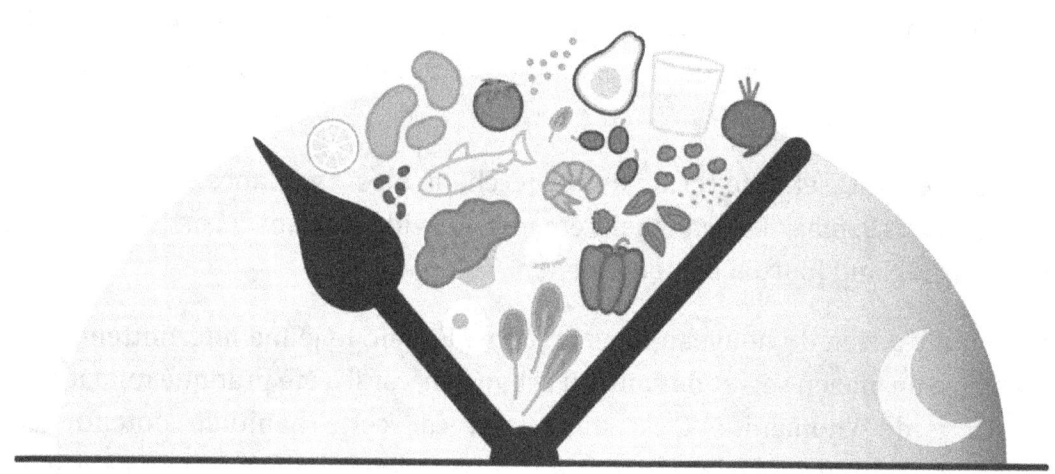

Partie1 : Comprendre le jeûne intermittent

Comme son nom l'indique, le jeûne intermittent est un mode de vie où l'on se passe périodiquement de nourriture. Cela ne veut pas dire que vous mourez de faim, loin de là. Au lieu de cela, vous combinez le jeûne avec une alimentation saine, en étant attentif à ce que vous mangez et buvez afin de promouvoir une meilleure santé et la clarté mentale.

Lorsque vous l'abordez correctement, le jeûne intermittent peut vous aider à combattre le diabète et d'autres pathologies liées à l'hyperglycémie, ainsi que l'insomnie et les cardiopathies. Si le jeûne intermittent vous intéresse, les indications suivantes peuvent vous aider à commencer.

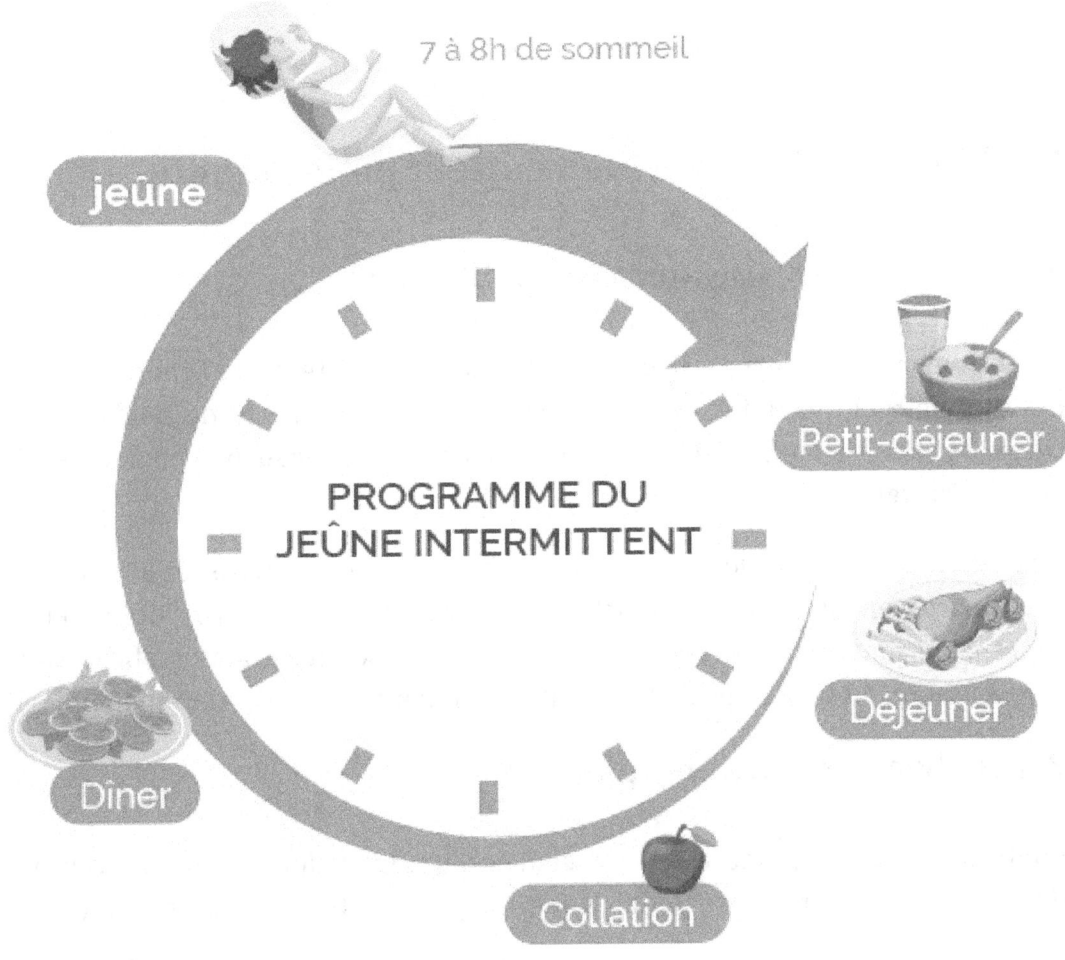

Qu'est-ce que le jeûne intermittent ?

Le jeûne intermittent est en réalité assez simple. Il s'agit principalement d'un programme qui divise votre journée en deux parties : une fenêtre de repas et une fenêtre de jeûne. Alors que la plupart des régimes alimentaires se préoccupent fondamentalement de CE QUE vous mangez, ce régime se concentre sur QUAND vous mangez, et c'est tout.

Il n'y a pas de planification des repas, pas de liste de courses ou autre préparation préalable. Vous pouvez choisir le programme de jeûne idéal en fonction de votre mode de vie, et il ne vous reste plus qu'à suivre le programme ! La structure du jeûne intermittent vise à tirer le meilleur parti des processus métaboliques naturels de votre corps chaque jour, afin que vous puissiez être sur la voie d'une santé optimale à long terme.

Les bienfaits du jeûne intermittent pour la santé

1. Peut favoriser la gestion d'un poids sain

En entraînant votre corps à brûler les graisses pour obtenir de l'énergie, le jeûne intermittent peut exploiter les mécanismes naturels de perte de poids de votre corps. De plus, la simplicité du plan signifie que vous êtes beaucoup plus susceptible de le respecter !

Lorsque vous pratiquez le jeûne intermittent et que vous réussissez à faire passer votre corps en mode de combustion des graisses, votre corps utilise en fait l'adrénaline pour libérer le glycogène stocké et accéder aux graisses à brûler. Cette augmentation du taux d'adrénaline peut contribuer à stimuler votre métabolisme.

2. Peut booster votre énergie

Contrairement à de nombreux régimes de restriction calorique qui peuvent vous donner l'impression d'être léthargique, le jeûne intermittent est conçu pour soutenir des niveaux d'hormones sains afin que vous ayez toujours facilement accès aux graisses stockées pour vous donner de l'énergie. Fini les périodes de ralentissement de l'après-midi !

3. Peut favoriser la clarté mentale et la concentration

Le jeûne intermittent a la capacité de stimuler votre cerveau, car il augmente votre BDNF, qui favorise la connectivité du cerveau et la croissance de nouveaux neurones.

4. Peut soutenir les fonctions cognitives

Il a été démontré que les changements hormonaux qui se produisent lorsque vous suivez un jeûne intermittent favorisent la mémoire et le fonctionnement du cerveau.

5. Peut aider à maintenir un taux de glycémie sain

Le jeûne peut aider à maintenir un taux de sucre sanguin normal. Pendant que vous êtes à jeun, votre corps ne reçoit pas de nouveau glucose, ce qui signifie qu'il n'a pas d'autre choix que d'utiliser le glucose stocké.

6. Peut soutenir la santé cardiaque

Le jeûne intermittent est un excellent soutien pour la santé cardiaque, en raison de sa capacité à soutenir la production de cholestérol de votre foie à un niveau sain.

7. Peut soutenir la réponse anti-inflammatoire de l'organisme

Votre corps s'appuie sur un processus appelé « autophagie » pour éliminer les tissus et cellules anciens et endommagés. Lorsque vous jeûnez et que vous laissez votre corps se reposer de l'effort constant de digestion des aliments, il semble être capable de concentrer plus d'énergie sur les efforts de réparation normaux, ce qui signifie soutenir la réponse anti-inflammatoire naturelle de votre corps.

États du corps après les repas

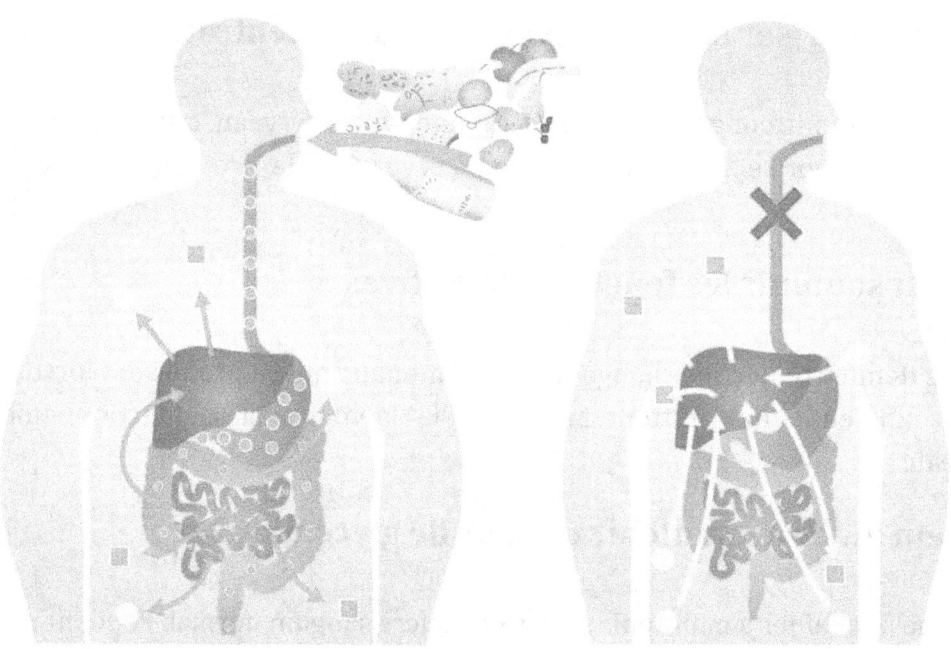

Cellules du tissu adipeux
Toutes les autres cellules du corps

L'état nourri

Un état nourri, ou absorbant, se produit juste après un repas ou une collation, lorsque votre corps digère la nourriture et absorbe ses nutriments. La digestion se poursuit jusqu'à ce que les composants décomposés de vos aliments soient transportés dans votre sang, où ils se dirigent vers le foie, les tissus graisseux (adipeux) et les muscles.

Les éléments décomposés des aliments qui pénètrent d'abord dans votre sang font augmenter votre glycémie, ce qui stimule ensuite les cellules bêta (les cellules spécialisées du pancréas qui produisent, stockent et libèrent l'insuline) à libérer l'insuline dans le sang. L'insuline libérée s'attache ensuite au glucose dans votre sang et l'achemine vers les cellules, où elle est utilisée comme source d'énergie, ou vers le foie et les muscles, où elle est convertie en glycogène et stockée pour un usage ultérieur.

L'état à jeun

Une fois l'état nourri terminé, votre corps entre dans l'état à jeun, ou post-absorptif. Lorsque vous êtes à jeun, environ quatre heures après avoir mangé, votre corps a besoin de glycogène stocké pour son énergie.

Les niveaux de glucose dans le sang diminuent au fur et à mesure que les cellules commencent à utiliser le sucre, et en réponse à cette diminution du glucose, les niveaux d'insuline baissent eux aussi. Parce que votre corps tient à maintenir une glycémie entre 70 et 99 milligrammes par décilitre, cette baisse de glucose dans le sang déclenche la libération par les cellules alpha du pancréas d'une hormone appelée glucagon. Le glucagon se rend au foie, où il décompose le glycogène en glucose. Une fois que le glucose est formé, il est libéré par le foie et se rend au cerveau et aux tissus.

Histoire et types de jeûne

Avant la révolution industrielle, les gens devaient compter uniquement sur la terre pour se procurer de la nourriture. Ils ne pouvaient pas simplement se rendre à l'épicerie la plus proche chaque fois qu'ils avaient besoin de se remplir l'estomac.

Les anciennes civilisations chassaient et ramassaient autant qu'elles le pouvaient. Mais la nourriture n'a pas toujours été une garantie. Parfois, les chasseurs et les cueilleurs revenaient avec une cargaison de fruits frais et de baies fraîches ; d'autres jours, surtout en période de pénurie, comme les mois d'hiver, ils revenaient les mains vides. Bien qu'ils ne l'aient pas fait intentionnellement, ils jeûnaient essentiellement ces jours-ci. Selon la période de l'année et l'habileté des chasseurs et des cueilleurs, ces jeûnes peuvent durer des jours, des semaines ou même des mois.

Le jeûne spirituel

Le jeûne a également été et demeure un élément important de diverses religions et pratiques spirituelles dans le monde. Lorsqu'il est utilisé à des fins religieuses, le jeûne est souvent décrit comme un processus de détoxification ou de purification, mais le concept de base est toujours le même : s'abstenir de manger pendant une période de temps déterminée.

Contrairement au jeûne médical, qui est utilisé comme traitement de la maladie, le jeûne spirituel est considéré comme un catalyseur important du bien-être de tout le corps, et une grande variété de religions partagent la conviction que le jeûne a le pouvoir de guérir.

Dans le christianisme, le jeûne est un moyen de purifier l'âme pour que le corps soit pur et qu'une connexion avec Dieu puisse être établie. L'une des périodes les plus populaires que les chrétiens jeûne est le carême, la période de quarante jours entre le mercredi des Cendres et Pâques. Autrefois, ceux qui observaient le carême renonçaient à la nourriture ou à la boisson ; aujourd'hui encore, les chrétiens s'abstenaient de manger ou de boire, mais choisissaient souvent de se passer d'une chose précise. Cette pratique se veut une reconnaissance des quarante jours que Jésus-Christ a passés dans le désert, forcé à jeûner.

Peut-être le jeûne religieux le plus connu, le ramadan est une partie importante de la religion musulmane et le neuvième mois du calendrier islamique. Pendant le ramadan, les musulmans s'abstiennent non seulement de manger et de boire du crépuscule à l'aube, mais ils évitent également de fumer, d'avoir des relations sexuelles et toute autre activité qui pourrait être considérée comme un péché. La période de jeûne — et la légère déshydratation qui se produit par manque de fluides — est censée purifier l'âme des impuretés nocives afin que le cœur puisse être réorienté vers la spiritualité et éloigné des désirs terrestres. Le ramadan est considéré comme l'un des cinq piliers de l'Islam.

Le jeûne médical

Hippocrate, surnommé « le père de la médecine », a introduit le jeûne comme thérapie médicale pour certains de ses patients dès le cinquième siècle avant Jésus Christ. L'une de ses fameuses citations dit que « manger quand on est malade est pour alourdir sa maladie ». Il croyait que le jeûne permettait au corps de se concentrer sur la guérison, et que le fait de forcer la nourriture dans un état pathologique pouvait nuire à la santé d'une personne, car au lieu de donner l'énergie nécessaire à la guérison, votre corps utiliserait toute son énergie disponible pour digérer.

D'autre part, si les patients s'abstenaient de manger, les processus digestifs s'arrêteraient et le corps donnerait la priorité à la guérison naturelle.

Le jeûne comme thérapie

Certains jeûnes médicaux n'autorisaient que de l'eau et du thé sans calories pendant un mois, tandis que d'autres permettaient aux patients de consommer de 200 à 500 calories par jour. Ces calories provenaient généralement du pain, des bouillons, des jus et du lait. Les détails spécifiques du jeûne dépendaient de l'état de la personne.

Cependant, ce n'est qu'à partir des années 1900 que le jeûne a commencé à apparaître dans les revues scientifiques comme une thérapie médicale efficace contre l'obésité et d'autres maladies ; même alors, les bienfaits n'ont commencé à se faire pleinement sentir que plus récemment.

Les programmes de jeûne intermittent les plus populaires

Vous avez donc décidé d'essayer le jeûne intermittent (félicitations !), et vous devez savoir quel est l'horaire des repas. Même une simple recherche rapide en ligne vous a probablement donné une quantité d'informations écrasante sur les différents types de plans, de durées, de jours, etc.

Avec une telle variété de régimes de jeûne intermittent, comment pouvez-vous déterminer celui qui vous convient le mieux ?

Ne vous inquiétez pas, nous avons rassemblé une présentation utile des différents horaires. Après tout, vous devez vous assurer que vous choisissez un programme de jeûne qui s'adapte bien à votre mode de vie et qui peut maximiser les incroyables bienfaits que le jeûne intermittent peut vous apporter sur le plan de la santé.

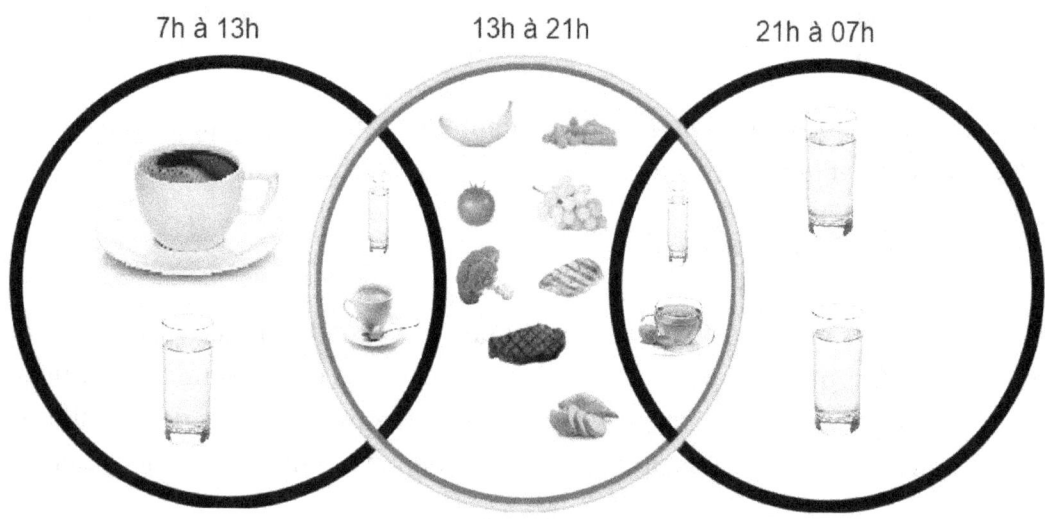

Le programme 16:8

C'est sans doute la forme de jeûne intermittent la plus populaire. Elle combine une fenêtre de 8 heures pour manger avec une période de jeûne de 16 heures. Par exemple, le fait de ne manger qu'entre midi et 20 heures constitue une fenêtre de huit heures.

Avantages : C'est l'horaire le plus courant pour une bonne raison. Il s'intègre assez facilement dans la plupart des modes de vie, puisque vous pouvez choisir de sauter le petit-déjeuner ou le dîner, selon vos préférences personnelles. En outre, vous dormez pendant une bonne partie de la période de jeûne, ce qui facilite les choses.

Inconvénients : 16 heures de jeûne peuvent être longues à passer sans nourriture lorsque vous êtes novice et il faut parfois un peu de temps à votre corps pour s'adapter à cet horaire. Au bout d'une ou deux semaines, la plupart des gens n'ont pratiquement plus de sensation de faim ni d'autres effets secondaires.

À qui s'adresse-t-il ? Ce programme convient à presque tout le monde, mais surtout si vous avez déjà expérimenté des périodes de jeûne plus courtes, vous pouvez essayer celui-ci. Pour la plupart des gens, huit heures de repas sont un bon choix, car elles sont gérables tout en procurant des avantages notables.

Le programme 12:12

Pour toute personne qui ne connaît pas encore le jeûne, un régime alimentaire à 12:12 est généralement la meilleure façon de commencer. Autrefois, il était tout à fait normal de jeûner pendant 12 heures. Dîner vers 19 heures, petit-déjeuner à 7 heures. C'est l'avènement des aliments congelés et des collations tardives, sans parler des journées de travail plus longues qui obligent les gens à se coucher plus tard.

Soudain, nous mangeons 24 heures sur 24, et cela fait des ravages sur notre taux de sucre dans le sang et sur notre tour de taille. Saviez-vous que votre corps ne passe de l'état « nourri » à l'état « jeûné » qu'environ 4 heures après la fin de votre dernier repas ?

Avantages : Cet horaire ne demande qu'un effort minimal. C'est un excellent moyen de ramener votre corps à ce qui est plus naturel pour lui (en donnant à votre système digestif une pause pendant la nuit). De plus, vous dormirez probablement mieux et vous ne ressentirez probablement pas de sensation de faim avec une si petite fenêtre de jeûne.

Inconvénients : comme la période de jeûne est relativement courte, vous ne constaterez probablement pas autant de bienfaits pour la santé aussi rapidement que si vous aviez un régime avec une période de jeûne plus longue. En effet, il faut généralement à votre corps entre 8 et 10 heures après votre dernier repas pour atteindre un état de jeûne. Ce n'est qu'à ce moment-là que vous entrez en mode de combustion des graisses. Ainsi, avec un jeûne de 12 heures, vous ne serez en mode « brûleur de graisses » que pendant 2 à 3 heures.

À qui s'adresse-t-il ? Tous ceux qui ne connaissent pas le jeûne ou qui ont du mal à se passer de nourriture pendant trop longtemps.

Le jeûne de 20 heures

Un programme de jeûne de 20 heures a été popularisé par le « régime des guerriers », créé par Ori Hofmekler. Inspiré par les habitudes alimentaires des anciens guerriers spartiates et romains, ce régime vous oblige à manger toute votre nourriture dans un délai de quatre heures. Par exemple, ne manger qu'entre 14 h et 18 h. Le régime des guerriers encourage également à privilégier l'entraînement par intervalles à haute intensité et à suivre un régime alimentaire non transformé.

Avantages : Comme il s'agit d'un programme de jeûne intermittent assez condensé, il peut très bien convenir aux personnes ayant un mode de vie mouvementé. Vous n'avez à vous soucier de la préparation et de la consommation des aliments que pendant 4 heures par jour, et le reste de la journée, vous pouvez vous concentrer sur tout le reste. En outre, de nombreuses personnes déclarent avoir un sommeil très profond et reposant lorsqu'elles suivent ce plan.

Inconvénients : il peut être difficile pour certaines personnes de passer 20 heures complètes sans consommer de calories, surtout lorsque vous commencez tout juste à jeûner.

À qui s'adresse-t-il ? Quelqu'un qui a déjà une certaine expérience du jeûne intermittent, mais qui cherche des résultats plus rapides. Il existe également des témoignages en ligne de personnes qui ont commencé avec le plan 16:8, mais qui ont constaté qu'elles éprouvaient encore des envies de sucre et un désir de trop manger pendant la période de 8 heures. Ces personnes ont trouvé le régime des guerriers très efficace, car il est presque impossible de trop manger pendant une période de 4 heures, étant donné l'espace limité dans votre ventre !

Le jeûne de 24 heures

Également appelé régime « manger, arrêter, manger » ou « Eat-Stop-Eat », le jeûne de 24 heures consiste à ne pas manger pendant 24 heures, généralement une ou deux fois par semaine. Vous jeûniez donc du dîner d'un jour au dîner du lendemain. Ou du petit-déjeuner au petit-déjeuner ou du déjeuner au déjeuner, selon votre préférence. Si vous dînez à 19 heures ce soir et que vous ne mangez plus jusqu'à 19 heures le lendemain, vous venez de terminer un jeûne de 24 heures.

Avantages : Celui-ci peut être très complémentaire à une journée de travail bien chargée. Disons que vous avez une journée très chargée au bureau ou peut-être une journée complète de voyage. Au lieu de vous stresser pour savoir quand et quoi manger au milieu de votre journée chaotique, faites simplement une pause. Ne vous souciez pas de manger toute la journée, jusqu'à ce que vous rentriez chez vous pour le dîner.

Inconvénients : vous ne pouvez pas faire cela tous les jours. Il n'est pas recommandé de faire un jeûne de 24 heures plus de deux fois par semaine.

À qui s'adresse-t-il ? Les personnes dont l'emploi du temps est chargé pourraient bénéficier de l'élimination du stress lié à la recherche, la préparation, la consommation et le nettoyage des aliments pendant toute une journée, deux jours par semaine.

Le régime rapide 5:2

Le régime 5:2, ou le régime rapide est un peu différent de la plupart des programmes traditionnels de jeûne intermittent. Au lieu de vous abstenir complètement de manger pendant une période de jeûne donnée, vous limitez simplement vos calories de façon spectaculaire pendant un certain temps. Plus précisément, vous mangez normalement pendant 5 jours de la semaine. Les deux autres jours (à votre choix), les femmes limitent leurs calories à 500 pour la journée, et les hommes restent en dessous de 600 calories par jour.

Avantages : vous n'avez jamais à faire face à de longues périodes où vous n'êtes pas autorisé à manger quoi que ce soit. C'est un excellent plan pour faciliter votre entrée dans le concept de jeûne, sans pour autant vous plonger dans le vif du sujet.

Inconvénients : deux jours de faible apport calorique signifient que vous devez être assez précis pour compter les calories deux fois par semaine, ce qui peut être pénible. Cela signifie que vous devez vérifier le contenu calorique de tout ce que vous mangez, mesurer la taille de vos portions et garder une trace tout au long de la journée.

À qui s'adresse-t-il ? Les personnes qui apprécient le processus de comptage et de suivi des calories. C'est aussi un excellent plan pour tous ceux qui sont découragés par la perspective de devoir affronter des fringales pendant le jeûne parce que vous ne devez jamais vous passer de nourriture dans le cadre de ce plan.

Régime rapide de 3 jours

Tim Ferriss a mis au point un mode de jeûne de trois jours qui vise à accélérer le passage à la cétose, également appelée mode de brûlage des graisses. Voici à quoi cela correspond :

Arrêtez de manger avant 18 heures le jeudi. Le vendredi matin, buvez de l'eau tout en faisant une marche de 3 à 4 heures. Cela devrait épuiser les réserves restantes de glycogène de votre corps, qui vous fera alors passer en cétose. Vous ne mangez rien de la journée du vendredi et du samedi, mais Tim recommande de prendre un complément d'huile de TCM ou d'autres sources de cétones. Vous continuez votre jeûne dans la journée le dimanche et le rompez ensuite avec le dîner du dimanche soir, vers 18 heures. Le protocole de Tim recommande de faire ce genre de jeûne de trois jours une fois par mois.

Avantages : Ce plan a prouvé qu'il permettait de faire tomber les gens dans la cétose beaucoup plus rapidement que les autres programmes.

Inconvénients : jeûner plusieurs jours d'affilée n'est pas facile pour les débutants. Vous devez également planifier votre journée de manière à pouvoir faire une longue promenade le premier jour complet de jeûne. Et il faut absolument s'attendre à ce que le jeûne ait pour effet secondaire de diminuer le niveau d'énergie.

À qui s'adresse-t-il ? Tous ceux qui sont très motivés pour bénéficier des avantages du jeûne intermittent. Si vous avez déjà expérimenté d'autres programmes et que vous cherchez peut-être un coup de pouce pour franchir un palier, ce programme est peut-être fait pour vous.

Jeûne de jour alterné

Ce programme de jeûne intermittent est en fait un plan hybride, où vous pouvez choisir soit le programme 16/8, soit le jeûne de 12 heures, soit le jeûne de 20 heures. Ainsi, au lieu de suivre ce plan tous les jours, vous ne respecterez la période de jeûne choisie qu'un jour sur deux.

Avantages : Cette approche tend à rendre tout programme de jeûne intermittent beaucoup plus gérable et personnalisable.

Inconvénients : il faudra peut-être un peu plus de temps pour en voir les avantages, car vous ne passerez pas tous les jours à l'état de jeûne. Attention : cela ne signifie pas que vous n'en retirerez aucun bénéfice ! Beaucoup de gens obtiennent des résultats impressionnants avec le jeûne d'un jour sur deux, et ils le trouvent beaucoup plus facile à maintenir.

À qui s'adresse-t-il ? Toute personne qui n'est pas prête à s'engager dans un programme complet de jeûne intermittent tous les jours. En outre, cette approche semble certainement mieux fonctionner pour certaines femmes.

Programme de 36 heures

Il s'agit d'une approche de jeûne plus intense, généralement déployée dans des situations où il y a une surveillance médicale et où vous essayez de soutenir un taux de sucre sanguin sain.

Voici à quoi cela se résume : Finissez de dîner avant 19 heures ce soir, ne mangez pas du tout demain, puis prenez votre petit-déjeuner après 7 heures du matin après-demain. Le Dr Jason Fung a utilisé ce protocole avec beaucoup de succès auprès de ses patients.

Avantages : Excellent taux de réussite, sur le long terme, pour soutenir un taux de glycémie sain>.

Inconvénients : Assez difficile à mettre en œuvre.

À qui s'adresse-t-il ? Principalement recommandé à ceux qui tentent de maintenir un taux de glycémie sain.

Quel plan allez-vous suivre ?

Parfois, il ne suffit pas de savoir quel plan s'adapte le mieux à votre horaire. Afin de profiter des bienfaits durables du jeûne intermittent, vous devrez vous y tenir. Vous devrez trouver un plan qui correspond à votre emploi du temps. Si la méthode 16:8 semble la meilleure en théorie, mais que vous savez que vous auriez de la difficulté à rester seize heures sans nourriture, alors peut-être qu'un protocole modifié de jeûne d'un autre jour est préférable pour vous.

Ne vous mettez pas trop de pression pour être parfait ou pour suivre un certain protocole à la lettre, surtout au début. L'adaptation au jeûne intermittent peut prendre un certain temps, surtout si vous avez l'habitude de manger de petits repas toute la journée. Soyez doux avec vous-même et donnez-vous le temps de vous adapter et de vous ajuster.

Vous pouvez utiliser les méthodes décrites pour créer votre propre protocole, ou vous pouvez même mélanger les protocoles au fur et à mesure. Par exemple, vous pouvez suivre les bases de la méthode 16:8, mais rapidement pendant treize à quatorze heures au lieu de seize.

Vous pouvez utiliser Eat Stop Eat comme modèle, mais rapide pendant seize ou dix-huit heures pendant quelques jours chaque semaine jusqu'à ce que vous pouvez travailler votre chemin jusqu'à un jeûne de vingt-quatre heures.

Rappelez-vous que la seule façon de faire fonctionner l'une ou l'autre de ces méthodes, c'est si vous pouvez vous y tenir. Modifier l'un des protocoles pour pouvoir s'y tenir à long terme vaut mieux que d'essayer de suivre un protocole exactement tel qu'il est écrit et de cesser de fumer après quelques semaines parce que vous êtes si frustré(e).

La science du jeûne

Comme tout concept nutritionnel qui s'empare rapidement des communautés de la santé et de l'alimentation, le jeûne intermittent a été accusé d'être une mode, mais la science derrière les bienfaits du jeûne est déjà claire et en plein essor. Il existe plusieurs théories sur les raisons pour lesquelles le jeûne intermittent fonctionne si bien, mais l'avantage le plus fréquemment étudié — et le plus prouvé — a trait au stress.

Le mot stress a été vilipendé à maintes reprises, mais un certain stress est en fait bénéfique pour votre corps. Par exemple, l'exercice est techniquement un stress pour le corps (en particulier pour les muscles et le système cardiovasculaire), mais ce stress particulier rend le corps plus fort si vous intégrez le bon temps de récupération dans votre routine d'exercice.

Selon le Dr Mark Mattson, chercheur principal et chef de recherche au Laboratoire des neurosciences du National Institute on Aging et professeur de neurosciences à la Johns Hopkins University School of Medicine, le jeûne intermittent exerce sur le corps un stress semblable à celui de l'exercice.

Lorsque vous privez l'organisme d'aliments pendant un certain temps, les cellules sont soumises à un léger stress. Avec le temps, les cellules s'adaptent à ce stress en apprenant à mieux y faire face. Lorsque votre corps est plus apte à gérer le stress, il est plus apte à résister aux maladies.

Comment se déroule le stress

Alors que certains types de stress sont bons pour le corps, l'aidant à s'adapter et à grandir, d'autres types de stress ne le sont pas. Il est important de faire la distinction entre les bons et les mauvais stress afin d'avoir une idée de ce que sont les mauvais.

Lorsque vous êtes exposé au stress, une partie de votre cerveau appelée amygdale reconnaît que le stress est une menace pour votre santé. En réponse à cette menace, l'amygdale envoie un message à une autre partie de votre cerveau, l'hypothalamus, pour sécréter de la corticotrophine, ou CRH. La CRH stimule ensuite une autre partie de votre cerveau, l'hypophyse, pour libérer l'hormone adrénocorticotrope, ou ACTH. La libération d'ACTH indique aux glandes surrénales de produire et de libérer du cortisol. Les glandes surrénales libèrent également de l'adrénaline, ce qui fait monter votre tension artérielle et augmente votre fréquence cardiaque.

La présence de cortisol aide à maintenir une tension artérielle et un équilibre hydrique adéquats tout en interrompant temporairement certaines fonctions de l'organisme, comme la digestion, pour préserver l'énergie. Dans ce cas, une fois que la menace immédiate disparaît, les niveaux de cortisol redescendent et les fonctions corporelles normales reprennent.

Eustress : stress de courte durée

Un bon stress, aussi appelé eustress, est un stress léger que la plupart des gens vivent régulièrement.

Au lieu d'être nuisible pour le corps, l'eustress vous inspire et vous pousse à atteindre un but ou un résultat désiré, et c'est généralement associé à un certain type de bonheur ou d'excitation lorsque ce but est atteint.

Des exemples d'eustress incluent l'entraînement pour un événement sportif, le travail vers une date limite, ou la pratique pour une performance à venir. La recherche montre que l'eustress peut réellement améliorer votre fonction cérébrale.

La caractéristique qui définit l'eustress est qu'elle est de courte durée. Une fois l'objectif atteint ou le projet terminé, l'eustress disparaît et votre taux de cortisol redescend et se normalise, donnant à votre corps le temps de récupérer.

Déstresse : mauvais stress

Le mauvais stress, ou ce qu'on appelle la détresse, est un stress chronique et implacable qui nuit à votre productivité ou entrave votre vie quotidienne.

Au lieu de vous pousser à atteindre vos objectifs, la détresse rend plus difficile leur réalisation. La détresse maintient vos niveaux élevés de cortisol et d'adrénaline, ce qui peut entraîner un affaiblissement des glandes surrénales et des problèmes de signalisation hormonale normale.

Parmi les problèmes de santé chroniques liés à la détresse, mentionnons la dépression, les maladies cardiaques, la prise de poids et une plus grande vulnérabilité aux maladies comme le rhume et la grippe.

Parmi les exemples de détresse, mentionnons les relations amoureuses toxiques, le stress constant au travail et les traumatismes ou la mort dans la famille.

Cependant, parce que chacun réagit différemment à certaines choses et a une perspective différente de la vie, la frontière entre le bon et le mauvais stress peut devenir floue.

La meilleure façon de déterminer si une situation est eustress ou détresse pour vous est de vous poser quelques questions : Vous sentez-vous interpellé, mais motivé ? Si oui, c'est probablement un bon stress. Vous sentez-vous dépassé, renfermé et fatigué ? Si c'est le cas, c'est probablement un mauvais stress.

Devriez-vous jeûner ?

Le jeûne convient à la plupart des personnes en bonne santé, mais pour certaines, il est préférable de ne pas jeûner ou de parler à son soignant avant de commencer un jeûne.

Vous ne devriez pas jeûner si :

- Vous êtes enceinte ou vous allaitez
- Vous souffrez d'insuffisance pondérale grave ou de malnutrition
- Vous avez moins de dix-huit ans

Vous devriez parler à votre médecin avant de jeûner si vous avez des problèmes de santé :

- Vous prenez des médicaments
- Vous avez des antécédents de troubles de l'alimentation
- Vous souffrez d'une dysrégulation du cortisol ou êtes soumis à un stress important
- Vous êtes diabétique (type 1 ou type 2)
- Vous avez un RGO (reflux gastro-œsophagien pathologique)
- Vous avez la goutte

Écoutez attentivement votre corps pour déterminer si le jeûne vous convient.

Si vous vous sentez faible en énergie ou étourdi lorsque vous êtes debout, vous devrez peut-être ajuster votre période de jeûne ou consulter votre médecin pour vous assurer que votre corps peut régler correctement votre glycémie.

Gardez à l'esprit qu'il faut parfois beaucoup de temps pour que votre corps s'adapte à votre nouveau mode de vie. Il y a généralement une période de transition de trois à six semaines pendant laquelle votre corps et votre cerveau s'adaptent au jeûne. Pendant ce temps, vous pouvez ressentir la faim, l'irritabilité, la faiblesse et même la perte de libido. Il s'agit d'une réaction normale, mais si les symptômes sont graves, consultez votre médecin au cours de ces premières étapes.

Si vous vous sentez bien après la période d'adaptation, c'est un bon signe que votre corps apprécie ce que vous êtes en train de faire. Si vous vous sentez étourdi, vous avez la tête qui tourne ou vous manquez d'énergie après cette période, alors vous devriez cesser de jeûner et parler à votre médecin.

Le jeûne pour la gestion du poids

Vous vous méfiez lorsque vous entendez parler d'un nouveau régime qui facilite la perte de poids ? Nous ne vous blâmons pas — la composition corporelle a tendance à être plus compliquée que ce que propose l'industrie des régimes amaigrissants.

Dans une industrie pleine de gadgets et de modes, il y a un régime qui monte rapidement au premier plan parce qu'il repose sur des preuves scientifiques. Un régime à jeûne intermittent est de plus en plus prisé comme un mode d'alimentation qui favorise une gestion saine du poids tout en étant facile à suivre.

Beaucoup de gens affirment que c'est l'outil le plus puissant qu'ils aient trouvé pour contrôler leur poids, et ils n'imaginent pas des choses. Le secret du jeûne intermittent réside dans le fait qu'il fait passer votre corps de la combustion de glucides et de sucre pour le carburant à la combustion de graisses. Une étude de 2014 a démontré que ce plan pouvait aider à réduire votre poids de 3 à 8 % en 3 à 24 semaines !

Nous avons identifié quelques raisons clés pour lesquelles le jeûne intermittent pour la perte de poids fonctionne si bien.

1. Une arme secrète pour gérer les envies

Considérant que le simple mot « jeûne » peut nous donner faim, c'est une agréable surprise pour de nombreux adeptes de jeûne intermittent de découvrir que, après environ 1 à 2 semaines, ils ne ressentent plus beaucoup de sensation de faim pendant leurs fenêtres de jeûne. Et non, il ne s'agit pas seulement d'une astuce de l'esprit ou d'une volonté extrême. Il y a une raison scientifique qui explique ce phénomène.

Vous voyez, l'un des effets les plus importants du jeûne intermittent sur votre corps est qu'il favorise un taux de sucre sanguin sain. Un taux de sucre sanguin normal se traduit par une diminution des envies de sucre.

L'autre avantage du jeûne intermittent, c'est qu'il permet de maintenir des niveaux sains d'une hormone appelée « ghréline ». La ghréline est connue sous le nom d'hormone de la faim. Quand elle est déréglée, c'est quand vous avez tout le temps faim. Après quelques semaines de jeûne intermittent et de niveaux de ghréline sains, vous pouvez commencer à remarquer une diminution des douleurs de la faim.

2. Restriction calorique naturelle, mais en mieux

Le concept de restriction calorique est à la base de presque tous les régimes alimentaires connus de l'homme. Nous avons tous vu la formule :

Calories consommées < calories brûlées = perte de poids

La restriction calorique est également la principale raison pour laquelle la plupart des régimes alimentaires échouent sur le long terme. Elle va à l'encontre de la nature humaine et est donc incroyablement difficile à maintenir.

Le jeûne intermittent est très apprécié, car il conduit naturellement à une restriction calorique, sans pour autant donner l'impression que c'est ce que vous faites. Nous aimons appeler cela une restriction calorique « sournoise ». Voici pourquoi : un jeûne intermittent typique (manger uniquement entre midi et 20 heures) équivaut généralement à sauter le petit-déjeuner. Comme il est difficile de consommer plus d'un certain nombre de calories par repas, le fait de réduire votre journée de 3 à 2 repas peut avoir un effet notable au fil du temps.

Des études ont été réalisées en comparant un groupe de personnes à qui l'on a demandé de limiter leurs calories toute la journée, et un autre groupe à qui l'on a demandé de suivre un programme de jeûne intermittent. Les deux groupes ont obtenu des résultats similaires, sauf que le groupe à jeun intermittent a bénéficié d'un taux de glycémie plus soutenu.

Plus important encore, le groupe à jeun intermittent a trouvé son régime alimentaire beaucoup plus facile à gérer. Pour la plupart d'entre nous, il est psychologiquement et biologiquement plus facile de limiter notre alimentation à une certaine période, plutôt que de restreindre notre apport calorique quotidien global.

3. Conserver une masse musculaire maigre

Le plus gros inconvénient de nombreux régimes à calories limitées est peut-être qu'il a été prouvé qu'ils entraînent une perte de masse musculaire maigre, ce qui ralentit en fait votre métabolisme. C'est une très mauvaise nouvelle pour votre capacité à maintenir toute perte de poids.

La bonne nouvelle ? Des recherches ont montré que le jeûne intermittent vous aide en fait à conserver votre masse musculaire maigre tout en perdant du poids.

4. De meilleures habitudes alimentaires

Si vous êtes intermittent et rapide, vous vous contenterez d'une fenêtre de repas plus petite que celle à laquelle vous êtes probablement habitué. Cela réduira naturellement le grignotage nocturne, qui est souvent la cause cachée d'un excès de calories et d'une prise de poids sournoise. Quand on sait que céder à la tentation de grignoter ne fait que se mettre en mode « brûler les graisses », il est beaucoup plus facile de résister à cette attaque nocturne sur le frigo !

5. C'est durable

L'un des aspects les plus frappants de la « folie » du jeûne intermittent est peut-être que les gens le traitent moins comme un régime que comme un mode de vie. Ainsi, de nombreux adeptes se retrouvent non seulement à perdre du poids, mais aussi à se sentir mieux et à vouloir respecter ce régime. Le jeûne intermittent peut donc rapidement devenir un changement de mode de vie, par opposition à un régime intensif.

Se préparer à jeûner

À l'exception du jeûne spontané, la plupart des jeûnes intermittents nécessitent une certaine préparation. L'une des choses les plus importantes que vous pouvez faire pour vous préparer à votre jeûne est d'élaborer un plan.

Quel type de jeûne intermittent allez-vous faire ?
Pendant quels jours et heures jeûnerez-vous ?
Quelle est votre date de début officielle ?

Il est utile de rédiger un horaire et de le garder à portée de la main pour que vous puissiez le voir tout le temps. Vous pouvez même régler les minuteries de votre téléphone pour qu'elles se déclenchent quand il est temps de commencer votre jeûne et quand il est temps de recommencer à manger.

Mais vous n'avez pas non plus besoin de vous lancer immédiatement dans un programme de jeûne établi ; vous pouvez vous y habituer graduellement pour prendre le dessus.

1- Faites du yoga

Dans une étude menée par la Yoga Research Society et le Sidney Kimmel Medical College de l'Université Thomas Jefferson, les chercheurs ont constaté que les niveaux de cortisol ont chuté de façon significative après un cours de yoga de cinquante minutes qui comprenait des poses populaires comme la Pose de l'arbre, la Pose du chasse-neige et la Pose du criquet.

Les chercheurs croient que cette baisse du cortisol est due en partie à l'activation de la réponse de relaxation par la tenue de poses et la respiration profonde. Cette réaction de relaxation met fin à la cascade du stress et, par conséquent, les hormones du stress sont naturellement réduites.

Des taux élevés de cortisol sont également fréquents chez les personnes souffrant de dépression. Une étude publiée dans l'Indian Journal of Psychiatry a révélé que le yoga peut aider à arrêter la réponse au stress dans la partie hypothalamique du cerveau, ce qui peut apporter un soulagement aux personnes souffrant de dépression. En fait, l'étude a révélé que le yoga a fait baisser les niveaux de cortisol mieux que les antidépresseurs.

2- Pratiquez la méditation

Les recherches suggèrent que la méditation quotidienne ne se sent pas seulement bien dans l'instant présent : elle peut en fait modifier les voies neurales du cerveau, réduisant l'anxiété et vous rendant plus résistant et plus résistant au stress.

Il n'y a pas de bonne ou de mauvaise façon de méditer, alors ne laissez pas vos idées préconçues sur ce que la méditation est censée être vous dissuader de commencer votre propre routine. Si vous êtes novice à la méditation, vous pouvez commencer par suivre avec quelques méditations guidées. Vous pouvez accéder à des milliers de vidéos de méditation en ligne pour vous aider à commencer.

En général, il y a deux types de méditation :

1. Dans la méditation de concentration, vous concentrez votre conscience sur un seul point (pour beaucoup de gens, cela signifie répéter une courte phrase, appelée mantra).
2. Dans la méditation de la pleine conscience, vous permettez à diverses pensées et sensations de dériver dans votre esprit, les examinant chacune d'elles sans jugement.

L'une ou l'autre de ces méthodes peut être utile pour préparer votre esprit au jeûne intermittent.

La méditation et la respiration profonde vont de pair, mais vous pouvez aussi faire des exercices rapides de respiration profonde par vous-même, chaque fois que vous ressentez un stress grandissant ou même lorsque vous ne le ressentez pas et que vous voulez rester en tête.

Lorsque vous êtes stressé, vous avez tendance à prendre des respirations rapides et superficielles qui viennent de votre poitrine plutôt que de votre abdomen. Lorsque vous respirez profondément à partir de votre abdomen, vous absorbez plus d'oxygène, ce qui vous aide à vous sentir moins anxieux, moins essoufflé et plus détendu.

Apprendre à respirer profondément demande de la pratique, mais les étapes suivantes vous aideront à devenir un pro de la respiration profonde en un rien de temps :

1. Asseyez-vous bien droit ou allongez-vous sur le dos dans un endroit confortable. Mettez une main sur votre poitrine et l'autre sur votre abdomen.
2. Inspirez profondément par le nez. Vous devriez sentir la main sur votre abdomen s'élever, mais la main sur votre poitrine devrait bouger très peu.
3. Expirez par la bouche en expirant le plus d'air possible.
4. Répétez ce processus jusqu'à ce que vous sentiez votre corps commencer à se détendre.

3- Écoutez de la musique

Vous connaissez cette sensation quand votre chanson préférée s'allume et que vous commencez à chanter et à vous sentir immédiatement mieux ? Il y a de la science derrière tout cela.

La recherche montre que, quelle que soit votre humeur, écouter de la musique que vous aimez peut faire baisser votre taux de cortisol. Bien que toute musique que vous aimez puisse avoir un effet antistress, la musique classique donne d'excellents résultats.

Écouter de la musique classique peut réduire les hormones du stress, diminuer la tension artérielle et ralentir votre pouls et votre fréquence cardiaque.

En plus des effets physiques, la musique détourne aussi votre attention. Au lieu d'être prise dans vos pensées ou de bavarder sans cesse, la musique absorbe votre attention et vous force à vous concentrer sur autre chose. La prochaine fois que vous vous sentirez stressé, mettez de la musique classique ou une chanson que vous aimez. Allongez-vous et écoutez ou même dansez.

4- Tenez un journal

Le fait de mettre vos pensées et vos frustrations sur papier a un effet positif avéré sur les niveaux de stress. Vous pouvez également utiliser votre journal pour créer des listes de remerciements quotidiennes.

Écrire seulement trois choses pour lesquelles vous êtes reconnaissant chaque jour vous aidera à réduire davantage votre stress en vous rappelant les aspects positifs de votre vie. Ils n'ont pas besoin d'être de grandes choses. En fait, faire le point sur les petites choses de votre vie vous aidera à apprécier encore plus vos expériences quotidiennes.

Vous pouvez écrire des choses comme « Je suis reconnaissant d'avoir un lit pour dormir » ou « Je suis reconnaissant pour cette tasse de café ». Essayez de choisir des choses différentes chaque jour, et vous verrez à quel point vous devez vraiment être reconnaissant — même pour des choses auxquelles vous n'avez peut-être pas prêté beaucoup d'attention auparavant.

La tenue d'un journal est également utile pour garder une trace de vos émotions et de la façon dont ces émotions affectent vos habitudes alimentaires. Notez comment vous vous sentez chaque jour et ce que vous mangez. Quand vous regardez en arrière, vous serez capable de reconnaître comment vos émotions sont liées à la nourriture (la quantité et les types de nourriture que vous mangez) et de vous concentrer sur l'élimination des comportements négatifs dont vous n'auriez peut-être pas été conscient autrement.

5- Tirez la force de vos amis

Des études montrent que des liens humains étroits sont essentiels à votre santé physique et mentale et que l'isolement social peut entraîner une augmentation du taux de cortisol.

Le toucher humain stimule le nerf vague (l'un des nerfs qui relient votre cerveau à votre corps), détendant votre système nerveux et arrêtant votre réponse au stress. Le toucher augmente également la libération d'ocytocine (une hormone liée aux sentiments de relaxation, de confiance et de stabilité mentale) — parfois appelée hormone de l'amour — et réduit la libération de cortisol.

Le contact face à face est la meilleure solution, alors trouvez autant de temps que possible pour communiquer avec vos proches. Entourez-vous de gens qui vous soutiennent et qui veulent vous voir atteindre vos objectifs ; évitez les gens combatifs ou avec lesquels vous ne vous entendez pas. Les relations tendues peuvent augmenter les niveaux de cortisol.

6- Facilitez-vous la vie dans votre jeûne

Si vous êtes nouveau au jeûne intermittent ou si vous avez l'habitude de manger cinq ou six petits repas ou de paître constamment tout au long de la journée, il peut s'agir d'une grande transition pour sauter directement au jeûne. Vous n'avez pas besoin de faire un changement complet du jour au lendemain ; en fait, vous pourriez avoir plus de succès si vous vous y habituez lentement.

Commencez par passer de cinq ou six petits repas tout au long de la journée à trois repas de taille normale et à des heures fixes. Vous n'avez pas encore à manger dans un certain laps de temps ; habituez votre corps à l'habitude et à la structure de l'horaire des trois repas. Cela vous obligera également à éliminer les grignotages tout au long de la journée.

Il n'est pas interdit de grignoter lorsque vous jeûnez de façon intermittente, mais il peut être utile d'éliminer les collations pendant les premières étapes de l'adaptation. Au fur et à mesure que votre corps s'habitue au jeûne, vous pouvez incorporer des collations pendant la journée, pourvu que vous les mangiez pendant la période d'alimentation.

7- Choisissez un repas à sauter

Une fois que vous avez pris l'habitude d'un programme de trois repas, choisissez un repas à sauter et engagez-vous à le sauter chaque jour pendant quelques semaines.

Ne passez pas trop de temps à penser au repas à sauter ; vous pouvez changer de repas plus tard si cela vous convient mieux, à vous ou à votre agenda. Le but est d'habituer votre corps à se passer de nourriture pendant une longue période de temps.

Parfois, la partie la plus difficile du jeûne est d'entraîner votre esprit à accepter l'idée de sauter des repas, ce qui vous permettra de vous habituer à cette idée.

8- Faites votre chemin jusqu'à votre objectif

Une fois que vous avez pris l'habitude de sauter des repas et que vous avez choisi le régime alimentaire que vous allez suivre, progressez lentement vers l'objectif ultime du jeûne.

Par exemple, si vous allez suivre la méthode 16:8 et que vous avez décidé que votre fenêtre d'alimentation se situera entre 11 h et 19 h, mais que vous prenez normalement votre petit-déjeuner à 7 h 30, commencez par repousser le petit-déjeuner à 8 h 30 pendant quelques jours. Puis, lorsque vous avez l'habitude du petit-déjeuner tardif, repoussez-le d'une autre heure, puis d'une autre heure dans quelques jours jusqu'à ce que votre corps se sente à l'aise d'attendre 11 heures du matin pour manger.

Repousser graduellement vos heures de repas ne vous aidera pas seulement à vous détendre mentalement ; cela peut aussi vous aider à prévenir ou à diminuer certains des symptômes physiques initiaux qui peuvent survenir au début du jeûne intermittent.

9- Calculez votre plan nutritionnel

Les prochaines étapes consistent à déterminer le type de régime alimentaire que vous allez suivre et à trouver de nouvelles et délicieuses recettes à incorporer à votre plan.

Les recettes compliquées et raffinées sont toujours tentantes — et peuvent être un régal pour les fins de semaine — mais dans les premières étapes de votre nouveau plan de jeûne, il sera plus facile de garder les choses simples.

Lorsque vous commencez tout juste à jeûner de façon intermittente, il est également utile de réduire votre routine d'entraînement. Au tout début du jeûne, il se peut que vous manquiez d'énergie et de motivation. C'est tout à fait normal. Au lieu de faire des exercices de haute intensité, gardez vos séances d'entraînement légères. Vous pouvez reprendre votre routine d'entraînement dans quelques semaines lorsque votre corps s'est ajusté.

Partie 2 : Réussir le jeûne intermittent

Le jeûne intermittent signifie changer son approche du corps : ce qu'on y met et ce qu'on en pense. C'est développer la discipline mentale pour suivre un nouveau style de vie et changer — souvent radicalement — la façon dont vous considérez ce que vous mangez et buvez. Mieux vous comprendrez ce qu'est le jeûne, plus vous en tirerez d'avantages.

Ci-après certaines choses que vous pouvez anticiper lorsque vous commencez à jeûner de façon intermittente.

Préparez votre esprit

Comme pour tout changement de mode de vie, le jeûne intermittent peut s'avérer difficile au début. Vous pourriez éprouver de l'irritabilité ou une baisse d'énergie. Il se peut que vous ayez vraiment faim et que vous ayez de la difficulté à respecter votre plan. Ou encore, vous pourriez vous sentir bien dès le départ, obtenir immédiatement des résultats positifs et vous sentir revigoré et motivé par votre nouveau mode de vie. Cela dépend de votre corps.

Cependant, il y a certaines choses qui sont susceptibles de se produire à mesure que vous vous adaptez à votre nouvelle routine. Lorsque vous savez à quoi vous attendre et que vous disposez d'outils prêts à faire face aux défis qui peuvent survenir, vos chances de succès à long terme sont beaucoup plus grandes.

Considérez ces citations populaires : « Votre esprit s'arrêtera mille fois avant votre corps » et « Votre corps peut supporter presque n'importe quoi. C'est ton esprit que tu dois convaincre ». Le message général derrière ces deux dictons puissants est que souvent, lorsque vous abandonnez, ce n'est pas parce que vous avez atteint votre limite physique, mais c'est parce que vous avez atteint votre limite mentale. En d'autres termes, votre esprit vous convainc que votre corps ne peut pas physiquement relever un défi, même s'il le peut réellement.

Surmontez la négativité

Votre cerveau a tendance à réagir plus fortement aux choses négatives qu'aux choses positives. Ce phénomène s'appelle le biais de négativité — et il peut être extrêmement puissant.

Le but biologique du biais de négativité est de vous protéger des menaces possibles, mais dans les temps modernes, les menaces comme celles auxquelles vos ancêtres sont confrontés sont de moins en moins nombreuses et plus éloignées. Par conséquent, vous n'avez pas besoin de ce biais négatif aussi souvent, parce qu'il n'est plus aussi utile qu'avant. En fait, ce préjugé vous empêche d'être présent et calme parce que vous êtes toujours sur vos gardes et que vous anticipez un événement négatif au lieu d'apprécier le moment présent.

La bonne nouvelle, c'est que vous pouvez en fait recycler votre cerveau pour qu'il ne revienne pas aussi facilement au biais négatif.

Pensez positivement

La pensée positive et les affirmations ne sont pas seulement des tendances du Nouvel Âge : ce sont des outils puissants qui peuvent en fait recâbler les neurones de votre cerveau — un concept appelé neuroplasticité.

Lorsque vous vous engagez régulièrement dans la pensée positive et répétez des affirmations positives, il est plus facile pour votre cerveau de répondre plus positivement aux choses plutôt que de recourir immédiatement à son biais négatif naturel. Et plus vous pratiquez, plus il devient facile pour votre cerveau de penser positivement.

Méfiez-vous de la voix négative

Lorsque vous commencez le jeûne intermittent, votre subconscient résistera au changement et fera tout son possible pour que vous repreniez votre ancienne routine. Lorsque vous le savez, il est plus facile de prendre conscience des schémas de pensée négatifs et des discours non constructifs.

Vous pourriez penser à des choses comme « C'est beaucoup trop dur », « Je meurs de faim » ou « Une petite collation à l'extérieur de ma fenêtre de jeûne ne fera pas mal ». Ces pensées sont autant d'indications que votre parti pris négatif est à la tête du spectacle.

Lorsque votre esprit commence à vous dire que c'est trop difficile, reconnaissez que c'est ce préjugé qui vous parle et répondez en disant quelque chose comme « Je suis plus fort que mes pensées. Je peux et j'atteindrai mes objectifs. »

Concentrez-vous sur le grand objectif

En plus de pratiquer régulièrement des affirmations positives et de changer votre discours négatif, vous pouvez également mettre fin à votre biais de négativité en vous concentrant sur l'image globale.

Déterminez vos principales raisons de jeûner : Perdre du poids ? Gagner plus de clarté mentale et d'énergie ? Équilibrer votre glycémie ? Garder votre cerveau en bonne santé ?

Quelles que soient vos raisons, écrivez-les sur une feuille de papier ou des notes autocollantes et conservez-les dans un endroit où vous les verrez souvent, comme sur le réfrigérateur.

Lorsque vous sentez que ces pensées négatives commencent à s'infiltrer, lisez les notes et souvenez-vous de vos objectifs principaux et de la raison pour laquelle vous avez commencé. Cela peut vous aider à voir la situation dans son ensemble, ce qui vous permettra de franchir tous les petits dos d'âne en cours de route.

Retrouvez la clarté mentale

Une fois que vous aurez franchi les étapes initiales du jeûne intermittent, il est probable que vous remarquerez des changements majeurs. Non seulement votre discours négatif et votre biais de négativité diminueront, mais vous ferez également l'expérience d'une plus grande clarté mentale.

Le jeûne intermittent a tendance à dissiper le brouillard au cerveau et à faciliter la concentration. Vous constaterez peut-être que les tâches simples deviennent plus faciles et que vous pouvez vous concentrer davantage sur votre travail.

Il se peut aussi que vous éprouviez moins d'esprit de singe — des pensées intrusives et rapides qui vous distraient de la tâche à accomplir et qui nuisent à votre productivité.

Vous remarquerez peut-être que votre productivité et votre niveau d'énergie augmentent. Votre mémoire peut vous sembler plus tranchante et il vous sera peut-être plus facile de conserver les nouvelles informations qu'auparavant.

Vous remarquerez peut-être aussi une stabilisation de vos humeurs et de vos émotions — encore moins d'anxiété et un tempérament plus joyeux.

Oui, vous allez avoir faim !

Il est impossible de dire exactement comment votre corps se sentira pendant les premières étapes du jeûne intermittent, car tout le monde est différent et vous pouvez réagir différemment des autres.

Cependant, il y a quelques choses qui se produisent souvent chez la plupart des gens au début d'un jeûne intermittent. Si vous avez l'habitude de manger cinq ou six fois par jour, vous pourriez ressentir ces effets dans une plus grande mesure que si vous mangez déjà trois repas par jour avec des collations minimales.

Au fur et à mesure que votre corps s'adapte au jeûne intermittent, il est normal de ressentir une augmentation de la faim et des fringales. Il s'agit souvent de la faim mentale ou émotionnelle plutôt que de la faim physique.

Vous pouvez également éprouver des maux de tête, un manque d'énergie et de l'irritabilité. Il est possible de se sentir un peu étourdi, faible ou étourdi en se levant. La gravité de ces symptômes peut varier en fonction de plusieurs facteurs, y compris vos habitudes alimentaires antérieures, mais ils ne devraient pas être extrêmement envahissants et ils devraient diminuer en une semaine environ.

Votre corps va se stabiliser !

Après la période de réadaptation initiale, votre glycémie et votre taux d'insuline commencent à se stabiliser et vous commencerez à profiter des bienfaits du jeûne intermittent.

L'une des premières choses que vous remarquerez probablement, c'est l'augmentation de l'énergie. Vous pouvez ressentir une énergie soutenue tout au long de la journée ; au lieu de vous sentir éveillé et productif le matin, mais d'être frappé par le terrible effondrement de l'après-midi vers 14 h ou 15 h, vous sentirez une énergie constante. Cela s'explique par le fait que votre glycémie n'augmente pas et ne diminue pas comme lorsque vous mangez plusieurs repas au cours d'une journée entière.

Dites adieu à la bouffissure !

Il se peut que vous ressentiez une diminution de l'inflammation, de sorte que toute bouffissure sur le visage, la peau, les mains ou les pieds peut commencer à diminuer.

Les douleurs chroniques qui font partie intégrante de votre journée peuvent diminuer ou disparaître complètement. Ensuite, vous pourriez commencer à remarquer que vous perdez quelques kilos en trop, que vous vous endormez plus facilement et que la qualité de votre sommeil est meilleure. Vous bougerez et tournerez moins la nuit, et par conséquent vous vous réveillerez rafraîchi et reposé au lieu d'être groggy et désorienté.

Si vous faites de l'exercice régulièrement, vous pourriez aussi trouver plus facile de passer à travers vos séances d'entraînement.

Psychologie de la faim

La faim est délicate parce que, d'une part, il y a la vraie faim physiologique ; d'autre part, il y a la faim mentale. En termes simples, la faim physique se produit lorsque votre estomac est vide. Vous pouvez ressentir le vide physique dans votre estomac ainsi qu'une faiblesse ou une baisse d'énergie. La faim psychologique est le résultat d'un désir de manger par habitude ou par ennui ou à cause d'indices extérieurs.

Bien que vous puissiez faire ces choses inconsciemment, lorsque vous en prenez conscience, vous pouvez changer la façon dont elles vous affectent. Au lieu de manger sans réfléchir parce que vous participez à une activité sociale ou parce que votre conjoint a faim, faites attention à ce que vous ressentez vraiment.

Avez-vous vraiment faim ou êtes-vous simplement tenté par l'un de ces indices ? Dans ce dernier cas, vous pouvez soit changer votre environnement, soit utiliser l'une des quelques techniques utiles fournies dans ce chapitre pour réduire votre faim.

Notez le tout

Une bonne façon de suivre les changements est de noter tous les symptômes que vous ressentez avant de commencer votre plan de jeûne intermittent.

Essayez de creuser profondément et d'être vraiment complet, en énumérant même les choses que vous avez traitées pendant longtemps ou que vous pensez n'avoir rien à voir avec vos habitudes alimentaires.

Après avoir jeûné pendant quelques semaines, réécrivez votre liste et comparez les deux listes. Réécrivez votre liste toutes les deux semaines par la suite. Cela peut vous aider à suivre les améliorations auxquelles vous ne vous attendez peut-être même pas, et il est probable que vous serez agréablement surpris.

Indices de la faim

Les signaux de la faim nous incitent à manger, même quand nous n'avons pas faim. Il existe trois types d'indices de la faim : sensoriels, sociaux et normatifs.

Un repère sensoriel externe est tout ce qui suscite votre désir de manger en ciblant vos sens. Par exemple, vous pouvez sentir votre repas préféré ou voir un contenant rempli de biscuits fraîchement cuits. Selon les recherches, l'exposition à des indices sensoriels externes peut augmenter considérablement votre désir de manger, même lorsque votre estomac est plein et que vous n'avez pas vraiment faim.

La nourriture est devenue un moyen pour les gens de se divertir et de faire plaisir aux autres. Sortir manger au restaurant est maintenant un passe-temps favori, et vous pouvez rarement aller à une fête ou à un autre événement sans qu'on vous offre tous les types de nourriture. Ces tentations sont des indices sociaux. Dans plusieurs de ces cas, il est probable que vous mangerez même si vous n'avez pas faim ; souvent vous ne vous en rendrez même pas compte.

Le dernier type d'indices de la faim est des indices normatifs ; ce sont des choses comme la taille des portions ou la taille des assiettes, qui influent sur la quantité d'aliments que vous mangez. Vous ne vous rendez peut-être même pas compte que vous êtes affecté par ces choses, mais la recherche montre que lorsque vous utilisez des assiettes plus grandes, vous avez tendance à vous servir davantage et, par conséquent, vous mangez plus.

Buvez beaucoup d'eau

Pendant vos périodes de jeûne (et en général), l'eau devrait être votre meilleure amie. Vous avez probablement entendu dire que la soif est souvent confondue avec la faim, alors rester hydraté peut aider à diminuer tout faux signal de faim.

À votre réveil, buvez un quart de litre d'eau. Vous pouvez vous préparer en prenant un verre d'eau sur votre table de nuit lorsque vous allez dormir.

Buvez régulièrement de l'eau tout au long de la journée. Si vous faites beaucoup d'exercice ou si vous perdez beaucoup de sueur d'une autre façon, il se peut que vous ayez besoin de boire encore plus.

Vous devrez également ajouter un verre d'eau supplémentaire pour chaque tasse de café ou autre diurétique que vous buvez, alors gardez cela à l'esprit. Plus vous êtes hydraté, moins vous aurez de faux signaux de faim.

Restez occupé

Combien de fois avez-vous pensé que vous aviez faim, mais il s'est avéré que vous vous ennuyiez tout simplement ? Un instant, vous êtes assis devant la télévision et l'instant d'après, vous fouillez le garde-manger à la recherche de quelque chose à grignoter. Puis, en un rien de temps, un sac entier de chips est vide et vous ne savez même pas comment c'est arrivé.

La meilleure façon d'éviter ces grignotages stupides est de vous occuper, vous et vos mains. Remplissez votre emploi du temps de plaisir et d'amis. Réalisez des projets créatifs ou plongez-vous pleinement dans le travail. Si vous vous sentez ennuyé et que vous êtes tenté de manger juste pour le plaisir de manger, appelez un ami ou allez faire une promenade dans le quartier.

Atténuez le stress

Le stress est un problème majeur dans le monde entier. Environ 77 % des Américains déclarent ressentir régulièrement des symptômes physiques causés par le stress, et 33 % d'entre eux disent vivre avec un stress extrême.

Le stress peut entraîner non seulement un gain de poids, mais aussi des maladies cardiaques, le diabète, des maux de tête, la dépression, l'anxiété et des problèmes gastro-intestinaux.

L'une des façons immédiates dont le stress contribue à la prise de poids est de vous inciter à consommer des aliments réconfortants — comme la pizza ou la crème glacée — dont vous n'aurez peut-être pas envie lorsque votre niveau de stress sera mieux contrôlé.

Vous avez probablement entendu parler de l'alimentation émotionnelle. Bien que certaines personnes aient tendance à perdre l'appétit sous l'effet d'un stress élevé, bon nombre d'entre elles ont un appétit accru pour des aliments qui ne sont pas propices à un mode de vie sain.

Pour éviter les dangers du stress, vous voudrez trouver des moyens de gérer votre stress. La gestion du stress est particulièrement utile pour éloigner les signaux de la faim. Une fois votre niveau de stress maîtrisé, vous serez en mesure de concentrer votre attention sur votre plan alimentaire et de suivre les étapes qui vous aideront à atteindre vos objectifs.

Dormez suffisamment

On ne saurait trop insister sur l'importance du sommeil, non seulement pour éviter la faim, mais aussi pour votre santé en général.

Le sommeil est nourrissant et réparateur, et quand vous n'en avez pas assez, il peut vous déstabiliser complètement dans tous les aspects de votre vie.

Lorsque vous êtes stressé, il est facile de lésiner sur le sommeil et d'essayer d'éliminer quelques choses de votre liste de choses à faire, mais ne le faites pas !

Le temps du sommeil est le moment où votre cerveau et votre corps se réparent et se rechargent, et il est vital pour gérer votre niveau de stress et vos hormones de la faim.

Le sommeil contribue également à améliorer l'humeur et les niveaux d'énergie, à accroître la capacité de concentration et à accroître la volonté, ce qui est extrêmement important aux premiers stades du jeûne intermittent.

Ghréline et Leptine

Il y a deux hormones principales — la ghréline et la leptine — impliquées dans la réponse à la faim. La ghréline est l'hormone de la faim, et quand elle est libérée dans votre corps, elle dit à votre cerveau : Hé, vous avez faim, mangeons. La leptine est l'hormone de satiété qui dit : D'accord, vous êtes satisfait maintenant. Tu peux arrêter de manger.

Lorsque vous manquez de sommeil, la quantité de ghréline produite par votre corps augmente, tandis que la quantité de leptine produite diminue. Par conséquent, votre corps vous dit constamment que vous avez faim et rarement, sinon jamais, que vous êtes satisfait.

En plus de ce déséquilibre hormonal, votre métabolisme ralentit lorsque vous manquez de sommeil, de sorte que vous ne brûlez pas aussi efficacement les aliments que vous mangez. Pour toutes ces raisons, donnez toujours la priorité au sommeil.

Restez concentré

La chose la plus importante que vous pouvez faire pour assurer votre succès avec le jeûne intermittent est d'avoir un plan.

La première étape consiste à déterminer quel type de jeûne vous allez faire. Une fois que vous avez déterminé le type de jeûne, établissez un horaire. Tu vas jeûner tous les jours ? Quels temps jeûnerez-vous et quels temps nourrirez-vous ?

Une fois que vous avez établi votre ligne du temps, un autre élément essentiel est de déterminer ce que vous allez manger au moment d'entrer dans votre état nourri.

Allez-vous suivre un régime alimentaire spécifique (comme le régime cétogène ou le régime Paléo) ou allez-vous vous en tenir à un régime alimentaire de base propre sans véritable règle ?

Éliminez les déclencheurs

Recherchez les choses qui déclenchent votre faim psychologique, puis évitez-les. Jusqu'à présent, vous étiez peut-être en pilote automatique quand il s'agit de manger. Vous n'avez pas vraiment prêté attention à ce qui se passe autour de vous ou à ce qui influence la quantité ou le type de nourriture que vous mangez.

Par exemple, avez-vous un être cher qui mange deux fois plus que vous ? Gardez-vous vos collations préférées dans le garde-manger ou le réfrigérateur à portée de vue chaque fois que vous ouvrez les portes ? Organisez-vous des activités sociales autour de la nourriture ? Quels types de restaurants choisissez-vous pour ces événements, ou quels types de plats faites-vous avec vos amis ?

Trouver ce qui vous incite à manger davantage — ou à choisir des aliments malsains — vous aidera beaucoup non seulement à maintenir le jeûne intermittent comme mode de vie, mais aussi à préserver votre santé. Entourez-vous de gens qui appuient vos changements de style de vie et évitez — ou limitez votre temps — avec des gens qui pourraient saboter vos efforts.

Concevez votre plan de repas

Vous devrez d'abord élaborer votre plan de repas. Vous pouvez planifier quelques jours, une semaine ou même le mois entier. Trouvez des recettes simples et notez tout ce que vous mangerez et à quelle heure.

Lorsque vous commencez par un jeûne intermittent et la planification des repas, l'excitation peut vous inciter à rechercher de la fantaisie, de nouvelles recettes ou beaucoup de variété, mais lorsque vous en êtes aux premières étapes d'un nouveau mode de vie, l'une des choses les plus bénéfiques que vous pouvez faire est de vous en tenir aux principes de base et non de trop compliquer les choses.

Suivez ce que vous savez

Tenez-vous-en à des aliments que vous connaissez déjà et à des recettes qui ne prendront pas trop de temps à préparer ou qui vous obligeront à acquérir de nouvelles compétences en cuisine ou à acheter de nouveaux ustensiles de cuisine.

Vous aurez tout le temps d'essayer de nouvelles choses après vous être habitué à l'essentiel et votre corps et votre esprit s'adapteront aux changements. Le but de la préparation des repas est de vous faire sentir moins accablée, et non d'ajouter du stress inutile.

Il y a des planificateurs de repas et des traqueurs en ligne ainsi que des applications téléphoniques que vous pouvez utiliser pour faire le suivi de vos repas, mais vous n'avez pas besoin d'outils ou de logiciels sophistiqués si la technologie n'est pas votre truc. Vous pouvez rester simple en enregistrant tout dans un carnet.

Établissez une liste de courses

Une fois que vous avez préparé vos recettes et votre plan de repas, il est temps de déterminer ce dont vous avez besoin. Vérifiez votre réfrigérateur et votre garde-manger avant d'écrire votre liste d'épicerie afin de ne pas acheter ce que vous avez déjà. Après avoir dressé une liste des choses que vous avez sous la main, dressez une liste d'épicerie des autres articles dont vous aurez besoin pour préparer vos recettes et vos repas de la semaine (ou pour la période de temps que vous aurez choisie).

Vous pouvez gagner encore plus de temps en organisant votre liste d'épicerie en fonction de l'endroit où se trouvent les articles dans le supermarché. Vous pouvez dresser la liste de toutes les viandes, de tous les produits et de tous les articles réfrigérés ensemble. Si vous avez besoin d'aller dans différents magasins pour toute offre ou tout article spécialisé, organisez vos listes par magasin.

Préparez vos repas

Une fois les bases acquises, la préparation des repas peut vous aider à rester sur la bonne voie et vous empêcher de prendre un repas malsain en période de faim.

La recherche montre que les personnes qui préparent leurs repas à l'avance réussissent mieux à atteindre leurs objectifs en matière de santé et de nutrition et, à long terme, à économiser temps et argent. Au fur et à mesure que vous entrez dans le rythme du jeûne intermittent et de votre nouvelle façon de manger, vous pouvez ajuster vos repas et votre routine de préparation.

L'organisation est l'un des éléments les plus importants d'une bonne préparation des repas. Cela peut sembler intimidant ou comme une perte de temps de s'asseoir, d'organiser des recettes et de tout écrire, mais cela vous fera gagner du temps.

La quantité de repas que vous préparez à l'avance et le temps que vous passez à cuisiner dépendent entièrement de vous. Certaines personnes passent trois ou quatre heures le dimanche à préparer les repas pendant toute la semaine. D'autres passent quelques heures le dimanche à préparer les repas pour les prochains jours, puis passent quelques heures de plus le mercredi à préparer les repas pour le reste de la semaine. Quel que soit le style de préparation des repas que vous choisissez, l'organisation est essentielle.

Mangez consciencieusement

Un repas devrait être quelque chose que vous savourez, pas quelque chose que vous vous précipitez à votre bureau pendant que vous travaillez ou dans votre voiture entre les courses.

Une partie de la santé optimale consiste à manger lentement et consciencieusement pour que vous puissiez profiter de chaque bouchée — et vous pouvez prêter attention aux signaux qui vous indiquent quand vous en avez assez. Puisque vous mangerez moins de repas lorsque vous jeûnez de façon intermittente, c'est encore plus une raison de ralentir et d'apprécier le processus.

Traitez vos repas comme s'il s'agissait d'une partie importante de votre journée et pas seulement d'une réflexion après coup. Quand il est temps de manger, arrêtez tout le reste et asseyez-vous pour un bon repas. Préparez votre corps à la digestion en prenant une grande respiration et en passant à un état détendu.

Dois-je nettoyer mon assiette ?

Oubliez le nettoyage de votre assiette. Dès le plus jeune âge, on vous apprend à tout enlever de votre assiette. On vous a peut-être dit de ne pas gaspiller de nourriture ou qu'il y a des enfants affamés dans d'autres parties du monde qui aimeraient un repas chaud.

Bien que le sentiment qui sous-tend ces déclarations soit censé être positif, elles peuvent se retourner contre elles à long terme. Vous portez ces idées à l'âge adulte et pouvez avoir tendance à manger chaque bouchée de nourriture dans votre assiette, même si vous êtes rassasié à la moitié du repas.

Cela ne veut pas dire que vous devriez gaspiller de la nourriture, mais au lieu de vous surcharger dans l'intérêt de nettoyer votre assiette, servez-vous une plus petite portion pour commencer, ou gardez ce que vous ne pouvez pas manger pour votre prochain repas. Écoutez votre corps et les signaux qui vous disent que vous êtes plein et honorez ces signaux.

Les petites assiettes sont meilleures

C'est peut-être une ruse de l'esprit, mais des assiettes plus petites peuvent aider à contrôler les portions. Quand vous tenez une assiette, vous avez tendance à la remplir. Cela signifie que lorsque vous avez une grande assiette, vous vous servirez généralement plus de nourriture que si vous aviez une assiette plus petite.

Au lieu d'une assiette à dîner, optez pour une assiette à salade ou une assiette de hors-d'œuvre. Si vous avez encore faim, vous pouvez toujours revenir en arrière pour quelques secondes, mais donnez-vous le temps de laisser le temps à votre nourriture de se stabiliser.

C'est souvent une bonne pratique de laisser passer de cinq à dix minutes entre le moment où vous avez fini de manger et le moment où vous retournez pour une deuxième portion. Cela donne à votre corps une chance de décider si vous avez vraiment faim.

Prenez votre temps

Le monde d'aujourd'hui est « go, go, go. » Les gens ont tendance à se précipiter tout au long de la journée et manger n'est pas différent. La prochaine fois que vous vous asseyez pour un repas, prenez une respiration et ralentissez. Posez vos ustensiles entre les bouchées et mâchez lentement au lieu de vous précipiter pour entrer et avaler chaque bouchée aussi vite que possible.

Faites attention à ce que vous mangez. Quand avez-vous prêté attention pour la dernière fois à la texture des aliments que vous mangez ? Le croquant des amandes, le piquant de votre vinaigrette et la fraîcheur d'une bouchée d'avocat passent souvent inaperçus lorsque vous vous précipitez dans votre repas pour arriver au moment suivant.

N'oubliez pas de prêter attention non seulement à la saveur de vos aliments, mais à l'ensemble de l'expérience. Manger un repas est censé être agréable. Prends tout ce qu'il y a dedans.

Choisissez le bon régime alimentaire

Bien que le terme régime alimentaire soit communément associé à un certain type de restriction alimentaire, gardez à l'esprit que la définition principale du régime alimentaire est le type d'aliments qu'une personne mange habituellement, et c'est ainsi que vous devriez interpréter le terme ici.

Il n'y a pas de régime spécifique que vous devez suivre lorsque vous jeûnez de façon intermittente, mais bien sûr, vous récolterez le plus d'avantages si vous choisissez un régime riche en éléments nutritifs, des aliments non transformés.

Il y a quelques régimes qui sont des compléments populaires au jeûne intermittent, mais ne sont pas pris dans le dogme. Vous n'êtes pas obligé de suivre un plan diététique exactement tel qu'il est écrit.

Par exemple, si vous décidez de suivre un régime Paléo, mais que vous découvrez que votre corps se porte bien avec le riz brun, vous pouvez l'ajouter. Il n'est pas nécessaire d'omettre un aliment pour de bon simplement parce qu'il ne relève pas d'un titre diététique. Utilisez l'alimentation intuitive pour déterminer la meilleure approche à adopter.

N'observez pas trop la balance

Si la perte de poids est l'un de vos objectifs, ne vous fiez pas uniquement à la balance. Votre poids réel peut fluctuer considérablement d'un jour à l'autre, et vous pourriez ne pas voir de grands changements dans les chiffres, même lorsque votre corps subit une transformation massive. Vous pouvez utiliser la balance comme un outil, mais prenez ces chiffres quotidiens avec un grain de sel.

Avant et Après

Prenez plutôt des photos « avant » et « après » (ou progrès). Au bout du compte, vous pouvez les comparer côte à côte pour voir comment votre corps a changé au fil du temps.

Les photos peuvent être un outil très motivant parce que lorsque vous vous voyez tous les jours, vous ne remarquez peut-être pas les petits changements qui se produisent, mais lorsque vous comparez des photos qui ont été prises à un mois d'intervalle, les changements peuvent être beaucoup plus visibles.

Ne laissez pas l'insatisfaction actuelle de votre corps vous empêcher de prendre des photos « avant ». Vous serez heureux de les avoir en bas de la route.

Mesures du corps

Il est utile de prendre des mesures corporelles. Vous pouvez commencer à développer une masse musculaire plus maigre, surtout si vous faites de l'exercice ou de la musculation régulièrement.

Lorsque votre corps commence à changer, vous ne remarquerez peut-être pas trop de changement sur l'échelle, mais la composition de votre corps peut changer radicalement. Les mesures peuvent vous aider à suivre vos progrès en documentant les centimètres perdus dans différentes parties de votre corps.

Vous devrez prendre les mesures suivantes :

- Buste : mesurez tout autour de votre buste, en gardant le ruban à mesurer en ligne avec vos mamelons.
- Poitrine : mesurer directement sous les seins ou les muscles pectoraux et tout autour du dos.
- Hanches : trouvez la zone la plus large de vos hanches et mesurez tout autour.
- Genoux : mesurez tout autour du genou, directement au-dessus du genou, en vous tenant droit.
- Avant-bras : mesurez tout autour de la partie la plus large de l'avant-bras sous le coude.
- Cuisses : mesurez tout autour de la partie la plus pleine de la jambe en vous tenant droit.
- Bras : mesurez tout autour de la partie la plus large de votre bras au-dessus de votre coude.
- Taille : trouvez la partie la plus étroite de votre taille, généralement juste sous votre cage thoracique, et mesurez tout autour.

Pour mesurer correctement, vous aurez besoin d'un ruban à mesurer non extensible. Gardez le ruban à niveau autour de votre corps et parallèlement au sol. Lorsque vous prenez vos mesures, enroulez le ruban autour de votre corps aussi près que possible de votre peau, mais ne serrez pas trop fort pour que le ruban à mesurer ne coupe pas votre peau ou ne fasse pas d'entaille. Il est utile que quelqu'un d'autre prenne vos mesures pour vous afin que vous puissiez vous tenir droit ; si vous n'avez personne de disponible, prenez vos mesures devant un miroir pour vous assurer que vous maintenez le ruban à niveau et que vous mesurez aux bons endroits.

Dressez une liste de vos mesures dans un ordinateur portable ou dans le bloc-notes de votre téléphone. Prenez vos mesures toutes les quelques semaines et notez les chiffres au même endroit à chaque fois. Au fil du temps, vous pouvez utiliser les mesures pour suivre vos progrès.

Il y aura des hauts et des bas

Comme tout dans la vie, vous connaîtrez des hauts et des bas avec des jeûnes intermittents, surtout au tout début. Ne vous attendez pas à ce que tout se passe en douceur dès le départ et ne vous laissez pas prendre par la perfection.

Vous allez faire une erreur : vous allez manger à l'extérieur de votre période d'alimentation parfois, et c'est bien. Si vous y allez en sachant que vous allez faire de votre mieux, mais aussi en comprenant que cela peut prendre un peu de temps pour vous habituer à la transition, vous serez moins susceptible de vous faire du mal lorsque les choses ne se passent pas tout à fait comme prévu.

Partie 3 : Effets du jeûne intermittent

Les bienfaits du jeûne s'étendent à pratiquement tous les aspects de votre santé, tant physique que mentale. Tant que vous le faites de façon responsable et prudente, il peut vous aider à prendre le contrôle de votre corps et de votre bien-être.

Il existe de nombreuses façons de jeûner de façon intermittente. Vous devez choisir la méthode qui vous convient le mieux et qui vous met sur la bonne voie pour atteindre vos objectifs de santé. Parfois, vous mélangerez et apparierez des méthodes ou ferez des expériences jusqu'à ce que vous trouviez une méthode à laquelle vous pouvez vous engager.

Le jeûne et le mode de vie sain

L'une des raisons les plus courantes pour lesquelles les gens se lancent dans le jeûne intermittent est la perte de poids, mais cela ne fait qu'effleurer la surface. Le jeûne intermittent fait tellement plus pour votre corps que de vous aider à perdre du poids.

Il aide également à stabiliser votre taux de sucre dans le sang, à réduire l'inflammation chronique ou généralisée et à améliorer la santé de votre cœur.

Des études ont également montré que le jeûne intermittent peut contribuer à la santé du cerveau et aider à réduire le risque de développer des maladies graves du cerveau comme la maladie d'Alzheimer.

Certains chercheurs ont laissé entendre qu'il pourrait aider à prévenir le cancer et à améliorer les effets de la chimiothérapie chez les personnes atteintes de cette maladie.

Le jeûne et la perte de poids

Vous avez probablement entendu dire que si vous mangez moins, vous perdez plus de poids, mais que faire si la perte de poids a moins à voir avec la quantité d'aliments que vous mangez et plus avec la quantité de temps pendant lequel vous en mangez ?

Quand vous entendez comment fonctionne le jeûne intermittent, vous vous dites peut-être : Eh bien, oui, si vous mangez pendant une période de temps plus courte, vous mangerez moins de calories, et c'est pourquoi vous perdez du poids.

C'est en partie parce que, dans certains cas, vous mangerez moins de calories, surtout parce que vous éliminerez les grignotages de fin de soirée qui peuvent rapidement contribuer à la prise de poids. Mais ce n'est pas tout. Des études ont montré que le jeûne intermittent peut réduire le poids et améliorer le métabolisme même sans restriction calorique globale.

Le jeûne et la graisse viscérale

Une étude publiée dans Translational Research a révélé que le jeûne intermittent peut réduire le poids corporel de 3 à 8 % sur une période de trois à vingt-quatre semaines.

Les participants à cette étude ont également perdu 4 à 7 % de leur tour de taille, ce qui indique qu'ils ont perdu de la graisse abdominale, ou graisse viscérale, qui est le type de graisse considéré comme le plus dangereux pour la santé physique.

La graisse viscérale est stockée profondément à l'intérieur de la cavité abdominale. Il se trouve à proximité de plusieurs organes vitaux, dont le foie, l'estomac, le pancréas et les intestins. Avoir beaucoup de graisse viscérale est plus dangereux que d'avoir de la graisse sous-cutanée supplémentaire (la graisse qui se trouve juste sous votre peau) parce que la graisse viscérale peut affecter vos hormones et le fonctionnement de votre corps. Elle est liée à un risque accru de maladie cardiaque, de cancer, d'accident vasculaire cérébral, de diabète, d'arthrite, d'obésité et de dépression.

Il n'y a aucun moyen sûr de savoir si votre graisse est sous-cutanée ou viscérale, mais si vous portez beaucoup de poids autour de votre abdomen, il est probable que vous avez un pourcentage plus élevé de graisse viscérale.

Le jeûne et les régimes alimentaires

Des études montrent que les personnes qui suivent des régimes alimentaires qui permettent une variabilité dans les choix alimentaires, comme le jeûne intermittent, sont plus susceptibles de s'en tenir à leur régime alimentaire et de maintenir leur perte de poids que celles qui suivent un régime rigide et calorique contrôlé.

Les régimes rigides sont également associés à des symptômes de troubles de l'alimentation et à un indice de masse corporelle plus élevé (une mesure de votre masse grasse corporelle basée sur le poids et la taille) chez les femmes non obèses, alors que les stratégies de régimes flexibles, comme le jeûne intermittent, ne le sont pas.

Entendre cela peut être décourageant, surtout si vous avez souscrit à la théorie selon laquelle la façon de perdre du poids est de limiter les calories et de faire plus d'exercice — mais c'est en fait une bonne nouvelle.

Vous n'avez pas à passer vos journées à compter les calories, à manger trop peu et à éviter les graisses saines. Il y a un meilleur moyen : le jeûne intermittent (le jeûne fonctionne bien pour certaines personnes et pas pour d'autres. Vous devez trouver la meilleure façon de perdre du poids, celle qui vous convient le mieux.)

Le jeûne et les femmes

On croit généralement que le jeûne est mauvais pour les femmes, et bien que cela puisse être vrai pour certaines femmes, ce n'est pas un énoncé général qui peut s'appliquer à toutes les femmes. Cette théorie s'est développée en raison du fait que le jeûne intermittent a le potentiel de causer un déséquilibre hormonal chez certaines femmes si le jeûne n'est pas fait correctement ; mais quand les soins et précautions appropriés sont pris, les femmes peuvent jeûner avec succès.

Parce que le corps des femmes a été physiologiquement conçu pour porter des bébés, les femmes sont plus sensibles à la famine potentielle que les hommes. Si le corps d'une femme sent une famine imminente, il réagira en augmentant les hormones leptine et ghréline, qui travaillent ensemble pour contrôler la faim. Cette réponse hormonale est la façon dont le corps féminin protège le fœtus en développement, et même si la femme n'est pas enceinte.

Bien qu'il soit possible d'ignorer les signaux de faim de la ghréline et de la leptine, cela devient de plus en plus difficile, surtout lorsque le corps se révolte et commence à produire davantage de ces hormones. Si une femme cède à la faim d'une manière malsaine — en mangeant ou en consommant des aliments malsains — cela peut provoquer une cascade d'autres problèmes hormonaux impliquant l'insuline.

Ce processus peut également entraîner l'arrêt du système reproducteur. Si votre corps pense qu'il n'a pas assez de nourriture pour survivre, il pourrait mettre fin à sa capacité de concevoir pour protéger une grossesse potentielle. C'est pourquoi le jeûne n'est pas recommandé pendant la grossesse ou pour les femmes qui essaient de devenir enceintes.

Le jeûne et l'hormone de croissance

L'hormone de croissance humaine, ou HGH, est une hormone naturelle produite par la glande pituitaire — une petite glande endocrine dans le cerveau qui contrôle également les surrénales et la thyroïde.

Lorsque votre corps libère de l'HGH, l'hormone reste dans la circulation sanguine, où le foie la convertit en d'autres facteurs de croissance actifs, comme le facteur de croissance de type insuline ou IGF-1. Ces facteurs de croissance favorisent la croissance dans toutes les cellules de votre corps.

Quand vous jeûnez, les niveaux de HGH dans votre corps augmentent naturellement. En fait, certaines recherches montrent que les niveaux peuvent être jusqu'à cinq fois plus élevés que lorsque vous ne jeûnez pas.

Un des avantages les plus notables de l'HGH est sa capacité à stimuler la synthèse de collagène dans les muscles squelettiques et les tendons. Les muscles et les tendons qui contiennent plus de collagène augmentent la force musculaire, ce qui peut améliorer vos capacités physiques et vos performances physiques.

Avoir plus de masse musculaire augmente également votre taux métabolique basal. Cela rend votre corps plus efficace pour utiliser les calories, même lorsque vous n'êtes pas actif. HGH augmente également la lipolyse — un processus physiologique au cours duquel la graisse et les triglycérides sont séparés et transformés en acides gras libres, qui sont ensuite éliminés du corps. Une augmentation de la lipolyse se traduit par une perte de poids plus facile et plus rapide.

Le jeûne et l'autophagie

L'autophagie est un processus physiologique normal qui consiste à éliminer les composés anciens ou détruits de l'organisme. Bien que cela semble un peu troublant, la traduction littérale de l'autophagie est « mangeuse d'elle-même ». Il vient du grec autos, qui se traduit par « soi-même », et phagein, qui signifie « manger ».

Le terme d'autophagie a été inventé par Christian de Duve, scientifique lauréat du prix Nobel, après qu'un groupe de chercheurs eut remarqué une augmentation des lysosomes (parties des cellules responsables de la décomposition et de la destruction d'autres composés) dans les cellules hépatiques après injection de glucagon, l'hormone qui agit contre l'insuline.

L'autophagie joue un rôle clé dans le maintien de l'homéostasie — un environnement interne stable et sain — dans le corps. Votre corps contient constamment des protéines et des organites (petites structures spécialisées dans chacune des cellules de votre corps) qui deviennent dysfonctionnels ou meurent. Si on les laisse s'accumuler dans le corps, ces tissus morts peuvent causer la mort cellulaire, contribuer à un mauvais fonctionnement des tissus et/ou des organes, et même devenir cancéreux.

Pendant l'autophagie, le corps marque les parties endommagées des cellules et les protéines inutilisées dans le corps. Ces parties endommagées sont envoyées aux lysosomes, où elles sont éliminées du corps. Ce processus les empêche de causer du tort.

Il est également prouvé que l'autophagie peut jouer un rôle dans la diminution de l'inflammation chronique et la stimulation de l'immunité naturelle. La recherche montre que les sujets qui ne sont pas capables d'induire l'autophagie ont tendance à avoir plus de poids, à dormir plus souvent, à avoir des taux de cholestérol plus élevés et à diminuer les fonctions cérébrales.

Le jeûne est l'un des moyens les plus efficaces de stimuler l'autophagie à la fois dans le corps et dans le cerveau parce que le fait de priver le corps de certains nutriments pendant une période de temps déterminée déclenche le processus.

Lorsque l'insuline augmente (après avoir mangé), le glucagon (l'hormone qui agit contrairement à l'insuline) diminue. Inversement, lorsque l'insuline diminue (après une période sans nourriture), le glucagon augmente. Lorsque vous jeûnez, le glucagon augmente, ce qui stimule l'autophagie.

Le jeûne et le cholestérol

Le cholestérol a acquis une très mauvaise réputation, mais les lipoprotéines — comme le cholestérol est classé physiologiquement — sont largement mal comprises. Le cholestérol remplit trois fonctions principales dans votre corps, et sans lui, vous ne seriez pas en mesure de survivre. C'est un composant des acides biliaires qui vous aident à digérer les graisses, c'est un élément majeur de la couche externe de chacune de vos cellules, et c'est aussi un élément important de la vitamine D et de certaines hormones comme l'œstrogène et la testostérone.

Il existe deux principaux types de cholestérol : LDL et HDL. Le cholestérol LDL est classé comme le mauvais cholestérol, tandis que le HDL est classé comme le bon cholestérol. De nombreux tests de cholestérol mesurent également les triglycérides. Bien qu'ils ne constituent pas techniquement du cholestérol, les triglycérides sont un autre type de gras dans votre sang qui sert à stocker l'énergie supplémentaire — ou les calories — provenant des aliments que vous mangez. Des taux élevés de triglycérides sont associés à la fois aux maladies cardiaques et à l'insulinorésistance.

Lorsque vous passez un test de cholestérol standard (un profil lipidique), votre médecin examine tous les chiffres : votre cholestérol total, votre cholestérol LDL et votre cholestérol HDL. Si les valeurs du cholestérol total et/ou du cholestérol LDL sont élevées, on considère qu'il s'agit d'un facteur de risque de maladie cardiaque.

Le cholestérol que vous mangez a un impact minimal sur la quantité de cholestérol dans votre sang. C'est parce que votre corps n'absorbe pas bien le cholestérol alimentaire. La plus grande partie du cholestérol que vous obtenez de votre alimentation voyage à travers votre système digestif et n'arrive jamais dans votre sang. Votre corps est conçu pour contenir une certaine quantité de cholestérol, donc si vous limitez le cholestérol dans votre alimentation, votre foie augmentera sa production pour compenser.

Le jeûne intermittent peut réduire le taux de cholestérol total jusqu'à 20 %, mais ce qui est encore plus impressionnant, c'est l'effet du jeûne intermittent sur chaque lipide. Des études montrent qu'un jeûne de huit semaines en alternance peut réduire le taux de cholestérol LDL d'environ 25 %. Le jeûne réduit également le nombre de petites particules denses de LDL. Lorsque l'organisme ne produit pas de nouveaux acides gras libres (comme lorsque vous êtes à jeun), il en résulte une diminution de la VLDL, ou lipoprotéines de très faible densité, qui à son tour réduit la LDL.

Ce n'est pas tout : le jeûne peut aussi réduire les triglycérides jusqu'à 32 %, et bien qu'il abaisse les deux marqueurs problématiques du cholestérol, le jeûne n'a aucun effet négatif sur le HDL, ou le bon cholestérol.

Le jeûne et le mode famine

Le mode famine est l'une des préoccupations les plus courantes des personnes qui ne connaissent pas le jeûne intermittent. Pour être clair, le mode famine (thermogénèse adaptative) est une réalité, mais son fonctionnement est souvent mal compris.

Lorsque vous mangez de la nourriture, votre corps l'utilise pour ses besoins énergétiques immédiats ou l'emmagasine dans les tissus adipeux pour une utilisation ultérieure. Si un plus grand nombre de calories pénètre dans le tissu adipeux que le nombre de calories qui le quittent, vous prenez du gras. Si le contraire se produit, vous perdez du poids. C'est la base de la théorie « Calories In, Calories Out » (bien que la science montre de plus en plus clairement que toutes les calories ne sont pas créées de manière égale).

Lorsque vous essayez de perdre du poids, vous limitez généralement les calories d'une façon ou d'une autre. Cela entraîne un déséquilibre entre l'apport calorique et la dépense calorique qui vous permettra probablement de perdre du poids. Vous voyez cela comme une bonne chose, mais votre corps le voit comme une mauvaise chose.

La principale préoccupation de votre corps est la survie, et lorsque vous commencez à brûler des calories supplémentaires et à perdre de la graisse dans le processus, votre corps voit cela comme une menace — le début d'une famine imminente. Par conséquent, dans un effort pour se sauver, votre corps commence à conserver les calories et ne les brûle pas aussi efficacement, donc avec le temps et après une perte de poids importante, vos besoins en calories diminuent. C'est la thermogénèse adaptative.

Le jeûne et les boissons

Pendant votre période de jeûne, vous pouvez boire de l'eau, du café et d'autres boissons non caloriques, comme le thé ; cependant, faites attention à votre consommation de caféine et faites attention de ne pas en faire trop.

Bien que siroter des boissons pendant la période de jeûne peut aider à éviter la faim, une trop grande quantité de caféine peut vous rendre anxieux, nerveux et déshydraté, surtout lorsque votre estomac est vide. La caféine exerce également un stress sur vos glandes surrénales, de sorte que pendant que votre corps s'adapte au stress supplémentaire du jeûne, il est préférable de réduire au minimum votre consommation de café.

Le jeûne et le rythme circadien

Il est utile de savoir quel est votre rythme circadien et comment il affecte votre corps. Aussi appelé horloge biologique ou horloge biologique, votre rythme circadien est un cycle de 24 heures qui régule de nombreux processus physiologiques de votre corps, comme le sommeil et la digestion. Votre corps reçoit des indices de votre rythme circadien pour savoir quand aller dormir, quand vous réveiller et quand manger.

Votre rythme circadien est contrôlé à l'interne par une région de votre cerveau appelée hypothalamus, mais il est largement influencé par des indices externes et environnementaux comme la température et la lumière.

Par exemple, lorsqu'il fait nuit dehors, vos yeux envoient un signal à votre hypothalamus qu'il est temps de dormir ; votre hypothalamus envoie un message à la glande pinéale (dans une autre région du cerveau) pour libérer de la mélatonine (une hormone qui vous aide à dormir), et vous êtes fatigué. Quand il fait jour, c'est le contraire qui se produit. Vos yeux envoient un signal à votre hypothalamus, qui envoie un signal à votre glande pinéale pour diminuer la production de mélatonine. Cette trempette à la mélatonine aide à vous réveiller et à vous préparer pour la journée.

Votre rythme circadien est également influencé par l'heure de vos repas. Au Paléolithique, la nourriture était surtout disponible pendant la journée. C'est parce que la nourriture devait être chassée et récoltée, et c'était plus facile de le faire pendant la journée.

Biologiquement, le corps humain préfère ce cycle et doit encore s'adapter aux changements provoqués par la révolution industrielle et les commodités modernes comme les épiceries et l'éclairage artificiel.

Le jeûne et la perte musculaire

C'est une croyance commune que si vous sautez un repas, votre corps commencera immédiatement à se tourner vers vos muscles comme source d'énergie, mais grâce à l'évolution humaine, cela ne fonctionne pas comme ça.

Pour que le corps atteigne son but principal de survie, il doit obtenir de l'énergie. Sa source préférée est le glucose, qui provient principalement des glucides. Si le glucose n'est pas disponible, l'organisme se transforme alors en graisse corporelle, qui est essentiellement de l'énergie stockée.

Rappelez-vous : lorsque vous mangez un excès de calories, votre corps les convertit en triglycérides et stocke ces triglycérides dans vos cellules graisseuses. L'organisme sait instinctivement qu'il n'utilise les muscles comme source d'énergie que lorsque le glucose et la graisse corporelle sont trop faibles pour soutenir la vie. Cela ne se produit que lorsque la graisse corporelle chute en dessous de 4 pour cent, ce qui est extrêmement faible.

Pour mettre les choses en perspective, les athlètes masculins ont généralement un pourcentage de graisse corporelle de 6 à 13 %, tandis que les athlètes féminines en ont environ 14 à 20 %. Votre corps conservera sa masse musculaire jusqu'à ce que sa masse graisseuse devienne si faible qu'il n'aura d'autre choix que d'utiliser des protéines comme carburant. La plupart des gens n'en arrivent jamais là.

Il est vrai que lorsque vous limitez les calories sans incorporer aucune forme d'entraînement de résistance, il y a une possibilité que vous perdiez de la masse musculaire, mais le jeûne n'augmente pas la quantité de masse musculaire que vous perdez.

En fait, la recherche montre que les personnes qui intègrent le jeûne à leur plan de perte de poids connaissent moins de réduction de la masse musculaire maigre que celles qui ne jeûnent pas de façon intermittente.

Le jeûne et le diabète

Le jeûne peut être un défi pour les personnes atteintes de diabète parce que l'organisme a plus de difficulté à réguler la glycémie et les taux d'insuline que chez les personnes qui ne sont pas atteintes de diabète.

Cependant, la recherche montre que le jeûne intermittent peut être bénéfique pour aider à rétablir la glycémie à un niveau normal. L'hypoglycémie, ou faible taux de sucre dans le sang est la plus grande préoccupation en ce qui concerne le jeûne et le diabète.

Si vous êtes diabétique, assurez-vous d'avoir l'approbation et la supervision de votre médecin avant de commencer tout type de jeûne. Si votre médecin approuve le jeûne intermittent, familiarisez-vous avec les symptômes de l'hypoglycémie et ayez un plan en place pour traiter votre glycémie si elle est trop basse. Si la glycémie dépasse 300 milligrammes par décilitre ou tombe en dessous de 70 milligrammes par décilitre, arrêter immédiatement le jeûne et appliquer le traitement approprié.

L'hypoglycémie est plus susceptible de survenir chez les personnes atteintes de diabète de type 1 que chez celles atteintes de diabète de type 2.

Les signes d'hypoglycémie comprennent :

- Anxiété
- Fatigue
- Faim
- Transpiration accrue
- Rythme cardiaque irrégulier
- Irritabilité
- Peau pâle

L'hypoglycémie grave peut causer :

- Comportement anormal ou confusion mentale

- Troubles de la vision
- Confusion
- Perte de conscience

Si vous éprouvez l'un de ces symptômes, consultez votre médecin.

Le jeûne et les maladies chroniques

Le stress que le jeûne met sur le corps peut être catégorisé comme eustress pour la plupart des gens. C'est léger, et il en résulte des bienfaits pour la santé qui peuvent vous pousser à continuer à atteindre vos objectifs ultimes.

Cependant, si vous souffrez déjà d'une détresse chronique, vous voudrez maîtriser la situation avant d'intégrer le jeûne intermittent à votre vie quotidienne. En cas de stress chronique, votre corps pompe continuellement du cortisol. Lorsque les taux de cortisol restent élevés pendant une longue période, cela peut entraîner :

- Anxiété
- Dépression
- Difficulté de sommeil
- Problèmes digestifs
- Maux de tête
- Maladies cardiaques
- Problèmes de mémoire et de concentration
- Gain de poids

Au fil du temps, le stress chronique affecte également négativement le fonctionnement de vos glandes surrénales et leur rend plus difficile la régulation correcte des hormones.

Si vous êtes déjà soumis à un stress chronique important, il est extrêmement important de bien maîtriser votre taux de cortisol et le bon fonctionnement de vos glandes surrénales avant de commencer à jeûner. Vous pouvez réduire le taux de cortisol en méditant, en évitant le café, en dormant suffisamment, en suivant une alimentation propre et saine pendant un certain temps avant d'incorporer le jeûne et en évitant l'exercice excessif. Des exercices méditatifs à faible impact comme le yoga peuvent être utiles.

Le jeûne et l'exercice

Il y a un débat de longue date dans le monde du fitness sur la question de savoir s'il vaut mieux s'entraîner l'estomac vide (un état de jeûne) ou plein (un état nourri). La réponse est que cela dépend de l'intensité de votre exercice. Il y a beaucoup d'avantages à faire de l'exercice à jeun, mais si vous êtes un athlète d'endurance ou si vous faites de l'exercice à haute intensité, l'exercice après le repas peut être meilleur pour vous.

Lorsque vous faites de l'exercice, votre corps a besoin d'une quantité accrue d'énergie. Tout d'abord, votre corps se transformera en carburant en glucose dans le sang. Quand il n'y en a plus, il commence à brûler le glycogène, la forme de glucose stockée dans le foie.

En général, votre foie emmagasine suffisamment de glycogène pour subvenir aux besoins énergétiques de votre corps pendant 24 heures en l'absence de nourriture ; cependant, l'augmentation de la demande d'énergie que l'exercice exerce sur le corps entraînera une diminution plus rapide du glycogène. La quantité de glycogène utilisée dépend de la durée et de l'intensité de l'exercice que vous faites.

Une fois que le glycogène est épuisé, votre corps passe de la combustion des glucides pour l'énergie à la combustion des graisses stockées. La capacité de votre corps à brûler les graisses est contrôlée par votre système nerveux sympathique, qui est activé par le jeûne et l'exercice. Lorsque vous combinez les deux, cela maximise les processus physiologiques qui décomposent les graisses en énergie. Contrairement au glycogène, qui n'est stocké qu'en quantités limitées, les graisses peuvent être stockées dans votre corps en quantités illimitées, vous n'en manquerez donc jamais. Vos muscles finiront par s'adapter à toute source d'énergie que vous leur donnerez.

En plus d'augmenter la combustion des graisses, il a également été démontré que l'exercice à jeun optimise la santé en améliorant les niveaux de deux hormones spécifiques : l'insuline et l'hormone de croissance.

La recherche montre que l'exercice à jeun peut avoir un effet positif sur la sensibilité à l'insuline (la façon dont l'organisme réagit à l'insuline). Lorsque vous mangez trop, votre glycémie grimpe en flèche et, par conséquent, votre corps est exposé à un barrage constant d'insuline. Avec le temps, cela peut causer une surcharge d'insuline qui affaiblit la façon dont vos cellules répondent à l'hormone.

En faisant de l'exercice à jeun, non seulement vous empêchez votre corps de libérer de l'insuline dans le sang, mais vous brûlez également tout excès d'insuline que votre corps pourrait avoir.

Lorsque votre corps réagit à l'insuline de façon saine, il est plus facile de perdre de la graisse et améliore la circulation sanguine vers les muscles, ce qui facilite la construction musculaire. L'exercice à jeun augmente la production de l'hormone de croissance, ce qui permet non seulement de brûler les graisses et d'augmenter le tissu musculaire, mais aussi d'améliorer la santé des os.

Les jours où vous voulez faire de l'exercice à haute intensité, comme l'entraînement par intervalles à haute intensité (HIIT) - un type d'entraînement où vous alternerez de courtes périodes d'exercice à haute intensité avec de plus longues périodes d'exercice à faible intensité ou d'entraînement de force, planifiez votre entraînement près d'un repas. Lorsque vous faites de l'exercice à l'état nourri, vous fournissez à votre corps du glucose et du glycogène pour vous pousser à travers vos séances d'entraînement. Cela préviendra la perte musculaire et l'hypoglycémie.

Un bon moyen de mesurer l'intensité de votre entraînement est le test de la parole. Pendant une séance d'entraînement de faible intensité, vous devriez être en mesure de poursuivre une conversation assez facilement.

Lorsque l'exercice est très intense, vous devriez être en mesure de ne dire confortablement que quelques mots à la fois. Si vous ne pouvez pas parler du tout pendant votre séance d'entraînement sans perdre votre souffle, c'est que vous faites trop d'exercice.

Partie 4 : Alimentation au jeûne intermittent

Le jeûne intermittent ne consiste pas seulement à ne pas manger ; il s'agit aussi d'être plus conscient des aliments que vous mangez. Tout comme il existe différentes méthodes de jeûne, il existe différents régimes que vous pouvez suivre, y compris Paléo, à faible teneur en glucides et Pegan.

Vous devez trouver celui qui fonctionne pour vous et qui accomplit ce que vous voulez. De plus, vous devez faire de bons choix lorsque vous magasinez, en trouvant des aliments et des boissons qui favorisent une santé maximale.

Maintenir un ratio de glucides, de protéines et de lipides

La plupart des régimes alimentaires mettent l'accent sur les macronutriments (glucides, protéines et lipides). Il existe des régimes à faible teneur en glucides et à haute teneur en lipides et des régimes à faible teneur en lipides et à haute teneur en glucides.

Il y a aussi l'IIFYM qui est basé sur le principe que vous pouvez manger ce que vous voulez tant que vous maintenez le ratio de glucides, protéines et graisses qui convient à votre corps. Bien que certains de ces régimes soient axés sur la qualité des aliments, il manque une pièce maîtresse du casse-tête de la santé : les micronutriments.

Les glucides, les protéines et les lipides sont des macronutriments ; les vitamines et les minéraux sont aussi des micronutriments. Cependant, ce n'est pas parce que le corps a besoin de micronutriments en plus petites quantités qu'ils sont moins importants. En fait, on ne saurait trop insister sur l'importance d'obtenir des quantités adéquates de micronutriments.

L'importance des micronutriments

Treize vitamines et seize minéraux (appelés micronutriments) sont nécessaires en quantité suffisante chaque jour. Ces vitamines et minéraux aident à maintenir toutes les fonctions de votre corps en bon état de fonctionnement. Certains affectent votre sang, d'autres vous aident à métaboliser les glucides, les protéines et les graisses. Bien sûr, cela ne touche que la surface. Ces vitamines et minéraux, ainsi que d'autres, jouent de nombreux autres rôles dans votre corps.

Si votre apport en vitamines et en minéraux est insuffisant, avec le temps, vous développerez une carence. Bien que cela ne semble pas être un gros problème, même une petite carence en un micronutriment peut causer des problèmes de santé majeurs.

De faibles taux de vitamine D ont été associés à la dépression (en particulier le trouble affectif saisonnier, qui survient pendant les mois d'hiver) et au syndrome du côlon irritable. Une carence en magnésium peut causer des battements cardiaques irréguliers, des contractions et des crampes musculaires, de l'hypertension artérielle, de la fatigue, de la dépression et de l'apathie (manque d'émotion). Les carences en vitamine B12 peuvent présenter des troubles psychologiques tels que la démence, la paranoïa et la dépression majeure.

Alimentation d'un régime cétogène

Le régime cétogène est l'un des régimes les plus populaires pour accompagner le jeûne intermittent. Les personnes qui aiment le jeûne intermittent ont tendance à pencher en faveur de ce régime parce que les deux approches se complètent bien : lorsqu'elles sont utilisées en combinaison, elles vous propulseront rapidement dans un état chronique de cétose (un état physiologique dans lequel votre corps brûle des graisses pour l'énergie plutôt que des glucides).

Lorsque vous suivez un régime cétogène, la plupart de vos calories proviennent des matières grasses et votre apport en glucides est fortement restreint. Contrairement à d'autres régimes, un régime cétogène exige que vous teniez compte de la quantité exacte de matières grasses, de glucides et de protéines que vous consommez.

Un régime cétogène typique a une décomposition en macronutriments comme suit :

- 60 à 75 pour cent des calories proviennent des matières grasses
- 15 à 30 pour cent des calories proviennent des protéines
- 5 à 10 pour cent des calories proviennent des glucides

Alimentation d'un régime Paléo

Le régime Paléo est un autre régime populaire qui accompagne le jeûne intermittent parce que, comme le jeûne, il est conçu selon les habitudes alimentaires de vos ancêtres. Le concept de base d'un régime Paléo est de ne consommer que des aliments qui étaient à la disposition des chasseurs et des cueilleurs à l'époque paléolithique. Bien sûr, cette définition est sujette à interprétation parce que vos ancêtres paléolithiques n'auraient pas accès à des choses comme des pots de beurre d'amande, mais vous voyez l'idée.

Lorsque vous suivez un régime Paléo, vous pouvez manger :

- Œufs
- Poisson
- Fruits
- Graisses saines (huile d'avocat, huile de noix de coco, huile d'olive, ghee)
- Viande
- Édulcorants naturels (miel cru, sirop d'érable, sucre de coco)
- Fruits à coque et graines
- Volaille
- D'un autre côté, vous devrez éviter :
- Alcool
- Produits laitiers (lait, fromage, crème glacée, beurre)
- Céréales (blé, avoine, orge, seigle, quinoa, couscous, amarante, millet, maïs)
- Légumineuses (soja, arachides, pois chiches, haricots)
- Édulcorants raffinés et artificiels (sucre blanc, sirop de maïs à haute teneur en fructose, sucralose, aspartame)

Alimentation d'un régime Pegan

Le régime pegan est un concept relativement nouveau qui a été développé par le Dr Mark Hyman, directeur du Cleveland Clinic Center for Functional Medicine. Le régime pegan combine les principes de base du régime Paléo et d'un régime végétalien, ce qui semble contre-intuitif puisqu'à première vue, les régimes semblent se situer à des extrémités complètement opposées du spectre ; cependant, leurs principes de base sont très similaires.

Le régime Paléo et le régime végétalien mettent tous deux l'accent sur le choix d'aliments entiers, non transformés et provenant de la terre de façon responsable. Les principales différences sont que le régime Paleo se concentre sur les viandes, les légumes, les graisses saines et certains fruits provenant de sources éthiques, et élimine toutes les céréales et les légumineuses ; un régime végétalien élimine tous les produits animaux et met l'accent sur les céréales, les légumes, les légumes et tous les aliments à base végétale. Le but du régime pegan est de combiner les meilleures choses des deux régimes.

Lorsque vous suivez le régime Pegan, les aliments d'origine végétale représenteront environ 75 % de votre apport quotidien. Vous voudrez manger principalement des légumes, des fruits, des céréales sans gluten, comme le quinoa, le riz brun et l'avoine sans gluten, et certaines légumineuses, comme les lentilles. L'autre 25 pour cent de votre apport alimentaire devrait être sous forme de protéines animales de haute qualité (bœuf nourri à l'herbe, poulet d'élevage au pâturage et œufs) et de gras sains, comme la noix de coco, les olives et les avocats (et leurs huiles respectives : huile de noix de coco, huile d'olive et huile d'avocat). Le Dr Hyman recommande de traiter la viande davantage comme un condiment que comme un plat principal. Au lieu d'une portion typique de 120 à 170 g, limitez-vous à 50 – 80 g de viande par repas.

Tout en suivant le régime Pegan, vous éviterez le gluten, les produits laitiers et certaines huiles végétales (canola, tournesol, maïs et soya). Le sucre — même les sucres naturels comme le miel et le sirop d'érable — ne devrait être consommé qu'à l'occasion. Bien que les sucres naturels procurent certains bienfaits pour la santé, les excès de sucre peuvent avoir un effet négatif sur le taux de glycémie, ce que vous essayez d'éviter lorsque vous jeûnez de façon intermittente.

Alimentation d'un régime Low-FODMAP

Les FODMAPs (oligosaccharides fermentescibles, disaccharides, monosaccharides et polyols) sont des glucides à chaîne courte qui peuvent causer des troubles digestifs chez ceux qui ont une sensibilité digestive. Un régime à faible teneur en FODMAP est généralement recommandé pour les personnes souffrant de troubles digestifs chroniques ou de syndrome inexpliqué du côlon irritable. Lorsque vous suivez un régime à faible teneur en FODMAP, vous éviterez certaines catégories de glucides, dont les suivants :

- **Oligosaccharides** : blé, seigle, légumineuses, ail, oignons, poireaux, asperges, asperges, jicama, fenouil, betteraves et choux de Bruxelles.
- **Disaccharides** : sucre blanc, lait, yogourt et fromages à pâte molle comme le fromage à la crème et le fromage cottage.
- **Monosaccharides** : pêches, prunes, poires, nectarines, mangues, melon d'eau, pommes et miel.
- **Polyols** : mûres, avocats, patates douces, choux-fleurs, pois mange-tout et champignons.

Si vous suivez un régime pauvre en FODMAP, vous éliminerez complètement tous les aliments riches en FODMAP pendant environ un mois. Après cette période d'élimination initiale, vous pouvez réintroduire un aliment riche en FODMAP à la fois pour voir comment votre corps réagit. Si vous n'avez pas de troubles digestifs, il est probable que votre corps puisse supporter cet aliment. Si vous souffrez de troubles digestifs, il est probable que vous soyez sensible à cet aliment et vous feriez bien de l'éviter autant que possible.

Alimentation d'un régime Low-Carb

Un régime faible en glucides est semblable à un régime cétogène en ce sens que vous limitez la quantité de glucides que vous consommez chaque jour. Cependant, un régime traditionnel faible en glucides n'est pas aussi riche en matières grasses et permet une consommation plus modérée de protéines qu'un régime cétogène.

De nombreux régimes à faible teneur en glucides suggèrent une période initiale de très faible apport en glucides — environ deux semaines — au cours de laquelle on élimine presque tous les aliments contenant des glucides, sauf les légumes à faible teneur en glucides. Pendant cette période initiale, vous perdrez beaucoup de poids en eau.

Après ces deux semaines, vous passerez à un programme plus durable dans lequel vous pourrez inclure des sources saines de glucides, comme d'autres légumes, certains fruits et des céréales complètes sans gluten. L'objectif principal d'un régime standard faible en glucides est d'abaisser la glycémie et les taux d'insuline et de favoriser la perte de poids.

Céréales

Il semble que les experts en nutrition — et la population en général — sont en deux parties lorsqu'il s'agit de savoir si les céréales sont bonnes ou mauvaises pour vous. Une partie du débat recommande d'éviter les grains, tandis que l'autre partie dit que les grains entiers sont une nécessité en raison de leur teneur en fibres et en vitamine B. Le côté anti-grains dit qu'il y a trois problèmes majeurs avec les grains : les lectines, les phytates et le gluten.

Les lectines — des protéines qui se lient aux membranes cellulaires — se trouvent dans les grains et les légumineuses. Ils sont petits et difficiles à digérer parce qu'ils résistent à la fois à la chaleur et aux enzymes digestives. Pour cette raison, ils ont tendance à s'accumuler dans votre corps et à voyager dans votre sang sous leur forme entière. Lorsque les protéines pénètrent dans votre sang, votre système immunitaire développe des anticorps, ce qui signifie qu'il reconnaît la protéine comme un envahisseur étranger et construit un système d'attaque contre elle ; Avec le temps, cela peut entraîner une fuite intestinale et une sensibilité accrue aux lectines.

Les phytates sont des composés que l'on trouve principalement dans les céréales et les légumineuses, et en moindre quantité dans les noix et les graines. Les phytates ne sont pas intrinsèquement mauvais pour la santé, mais ils sont souvent décrits comme des anti-nutriments parce qu'ils se lient aux minéraux comme le fer, le zinc et le calcium, empêchant leur absorption. Cela peut vous préparer à des carences minérales. Il est important de noter ici que les phytates n'altèrent pas votre capacité d'absorber les nutriments à long terme ; ils ne font que bloquer l'absorption pendant ce repas.

Bien sûr, quand il s'agit de céréales, le gluten est le plus controversé. Bien que la maladie cœliaque — une incapacité à digérer correctement le gluten — soit largement acceptée, de nombreuses personnes ne croient pas à la sensibilité au gluten non cœliaque. Mais la recherche montre que le gluten peut endommager la paroi intestinale (et causer des symptômes de la maladie cœliaque) même chez les personnes qui n'en sont pas atteintes.

Les grains sans gluten comprennent le riz brun, le riz sauvage, le quinoa, le sarrasin, le millet, la teff et l'amarante. L'avoine ne contient techniquement pas non plus de gluten, mais à cause de la façon dont elle est fabriquée, elle est presque toujours contaminée par le gluten. Si vous voulez inclure l'avoine dans votre alimentation, choisissez des marques qui sont spécifiquement étiquetées comme étant sans gluten.

Faites de vos céréales des grains plus sains

Faites tremper vos grains avant de les consommer. Le trempage des grains peut aider à décomposer les phytates et à neutraliser les lectines, de sorte que les grains sont plus faciles à digérer et que vous êtes capable d'absorber tous les minéraux qu'ils contiennent. Pour faire tremper les grains, placez-les dans un bol et recouvrez-les complètement d'eau chaude. Pour chaque tasse d'eau que vous ajoutez au bol, vous devez également ajouter une cuillère d'un milieu acide, comme le jus de citron ou le vinaigre de cidre de pomme. Par exemple, si vous avez besoin de 3 tasses d'eau pour couvrir vos grains, ajoutez 3 cuillères de jus de citron à l'eau, puis recouvrez le bol d'un milieu respirable, comme un torchon propre. Ensuite, laissez reposer les grains pendant douze heures. Une fois que les grains ont trempé pendant un temps suffisant, rincez-les à l'eau froide et poursuivez votre recette comme d'habitude.

Une autre option est de germer vos grains ou d'utiliser des grains déjà germés. Les fabricants de produits alimentaires ont compris les avantages pour la santé de la germination de vos grains, et de nombreuses entreprises offrent maintenant des grains qui sont déjà germés, ce qui peut vous faire économiser temps et efforts. Si vous ne pouvez pas trouver des grains déjà germés dans votre épicerie locale, vous pouvez les consulter en ligne ou les faire germer vous-même.

Faites germer vos grains

La germination prend beaucoup plus de temps que le trempage des grains parce qu'il faut attendre que le grain s'ouvre et forme une germination. Pour faire germer vos propres grains, suivez le processus de trempage, puis transférez les grains trempés et égouttés dans un pot en verre — un pot Mason fonctionne bien. Couvrir le pot d'une toile à fromage et laisser reposer les grains dans le pot humide à température ambiante pendant un à cinq jours. Vous saurez quand ils seront prêts parce que les grains se fissureront et qu'une pousse verte sera visible. Vous pouvez conserver les grains germés au réfrigérateur jusqu'à une semaine.

Produits laitiers

Le lait est un autre produit controversé dans le monde de la nutrition. Vous avez probablement entendu dire à quel point le lait est bon pour les os. La vérité est que le lait n'est pas aussi bon pour vos os que vous le pensez. En fait, dans les pays où la consommation de lait est la plus faible ont les taux de fractures et d'ostéoporose les plus faibles, une condition dans laquelle les os deviennent fragiles et sont plus sujets aux fractures.

De plus, de nombreuses personnes ont de la difficulté à digérer les protéines et les sucres présents dans le lait. En effet, avec l'âge, la production de lactase, l'enzyme dont vous avez besoin pour digérer correctement le lait, diminue naturellement.

Cependant, cela ne veut pas dire que vous ne pouvez pas consommer de produits laitiers, mais il y a certaines options qui sont meilleures que d'autres. Si vous prévoyez inclure des produits laitiers dans votre alimentation, choisissez des produits laitiers provenant de vaches nourries à l'herbe.

Vous pouvez habituellement trouver du lait, du beurre et du fromage nourris à l'herbe dans les magasins locaux. Les produits laitiers alimentés à l'herbe ont une teneur plus élevée en oméga-3, contrairement aux produits laitiers conventionnels, qui en contiennent davantage. Les oméga-6 ne sont pas intrinsèquement mauvais, mais lorsque vous en mangez trop (ce que font de nombreux Américains), cela peut entraîner une inflammation chronique.

Les produits laitiers cultivés nourris à l'herbe, comme le yogourt et le kéfir, sont également de bons choix ; toutefois, assurez-vous qu'ils sont entiers et nature. Les yogourts aromatisés et les kéfirs sont souvent chargés de sucre.

Viande et volaille

La viande est un autre produit controversé qui a été vilipendé au fil des ans en raison de sa teneur en gras saturés. Lorsque les régimes à faible teneur en gras sont devenus vraiment populaires, la viande rouge a été un grand non-non -non ; mais depuis, la science a démontré que les gras saturés n'ont pas un aussi grand impact sur les maladies cardiaques qu'on le pensait auparavant. En fait, les bons types de gras saturés peuvent protéger contre les maladies du cœur.

L'ancienne école de pensée était que les graisses saturées augmentaient le cholestérol, ce qui augmentait le risque de maladie cardiaque ; mais la recherche démontre maintenant que, bien que les graisses saturées puissent augmenter la quantité de LDL dans votre sang, elles créent les grosses particules de LDL qui ne collent pas aux parois des artères (comparativement aux petites particules de LDL qui se bloquent sur ces parois et qui peuvent causer un blocage, augmentant ainsi votre risque de maladie cardiaque). Les graisses saturées augmentent également les taux de HDL, ce qui protège contre les maladies cardiaques.

La viande est également l'une des principales sources de vitamine B12. En fait, la vitamine B12 ne peut provenir que de produits d'origine animale (bien qu'elle soit ajoutée à certains aliments, dont certaines céréales enrichies). La viande contient également les autres vitamines B, la vitamine D, la vitamine E, les acides aminés, les antioxydants et plusieurs minéraux.

Tout comme pour les produits laitiers, il est important de choisir des viandes de haute qualité nourries à l'herbe. La viande conventionnelle provient de vaches nourries avec des cultures OGM (organismes génétiquement modifiés), des céréales et même du sucre. Cela permet d'engraisser les vaches plus rapidement pour qu'elles produisent plus, mais cela affecte le contenu nutritionnel de leur viande. La viande nourrie à l'herbe contient jusqu'à cinq fois plus d'acides gras oméga-3 que la viande conventionnelle et beaucoup moins d'oméga-6.

La viande nourrie à l'herbe contient également une graisse appelée acide linoléique conjugué, ou CLA. L'ALC agit comme antioxydant et il a été démontré qu'elle réduit le risque de maladie cardiaque, arrête la croissance des tumeurs cancéreuses, prévient l'athérosclérose, diminue les triglycérides et réduit le risque de développer le diabète de type 2. Tous les aliments d'origine animale contiennent une certaine quantité de CLA, mais la viande et les produits laitiers nourris à l'herbe en contiennent jusqu'à 500 % de plus que les produits laitiers et la viande provenant de vaches nourries au grain.

Comme pour la viande, toutes les volailles ne sont pas identiques. Il y a la volaille qui provient de fermes conventionnelles, et puis il y a la volaille qui est élevée biologiquement et qui peut errer librement, en suivant un régime alimentaire naturel. Souvent, vous verrez des étiquettes sur les volailles et les œufs qui se vantent que les oiseaux ont été « nourris avec un régime végétarien », mais les poulets et les dindes ne sont pas végétariens. Ils aiment chercher les insectes, les tiques et les vers, et c'est ce qui rend leur viande si nutritive. La volaille qui a été autorisée à consommer un régime naturel est plus riche en oméga-3, en vitamines et en minéraux.

Lorsque vous choisissez de la volaille, il est préférable de choisir une combinaison d'élevage biologique et d'élevage en pâturage. Si ce produit n'est pas disponible à votre épicerie locale ou si votre budget ne le permet pas, parlez-en à vos agriculteurs locaux ; Généralement, vous trouverez des viandes de haute qualité dans les fermes locales qui ne sont pas étiquetées comme étant des viandes élevées au pâturage ou biologiques.

Œufs

Il y a beaucoup de peur autour du cholestérol, donc les gens séparent souvent leurs œufs, jettent le jaune et ne mangent que le blanc d'œuf. Bien que le blanc de l'œuf contienne des protéines, la plupart des nutriments, comme les vitamines A, D, E et K, les vitamines B, les gras oméga-3, le calcium et le phosphore, se trouvent dans son jaune. N'ayez pas peur de manger l'œuf entier, mais choisissez les types d'œufs que vous consommez sagement.

Beaucoup d'étiquettes et d'allégations nutritionnelles sur les œufs ne sont que des tactiques de marketing. Par exemple, les termes naturel et frais de la ferme ne signifient généralement rien.

D'autres termes, comme sans cage, peuvent sembler bons, mais ils peuvent être trompeurs. Lorsque vous entendez le terme sans cage, vous pouvez imaginer des volailles errant à l'extérieur à la lumière du soleil, mais sans cage signifie simplement que les volailles n'étaient pas dans des cages. Ils auraient pu se trouver dans un entrepôt surpeuplé sans beaucoup d'espace pour se déplacer.

Les meilleurs types d'œufs que vous pouvez obtenir sont bio et élevés au pâturage. Encore une fois, parler aux producteurs d'œufs de votre région est un excellent moyen de trouver des œufs de haute qualité qui sont habituellement plus frais et moins chers que ceux que vous trouverez dans les épiceries.

Fruits de mer

Les fruits de mer sont riches en protéines et en vitamines et minéraux bénéfiques, mais les bienfaits les plus remarquables pour la santé proviennent de deux acides gras oméga-3 spécifiques : l'acide eicosapentaénoïque (EPA) et l'acide docosahexaénoïque (DHA). Il a été démontré que la consommation régulière d'EPA et de DHA réduit le risque de maladie cardiaque, de cancer, de diabète de type 2 et de maladies auto-immunes.

Lorsque vous choisissez du poisson, il est préférable de consommer de plus petites espèces de poissons. Les poissons plus gros qui se trouvent plus haut dans la chaîne alimentaire ont tendance à accumuler plus de mercure et d'autres métaux lourds et toxines dans leur chair.

Les poissons et les mollusques et crustacés qui sont les plus riches en oméga-3 comprennent :

- Hareng
- Maquereau
- Moules
- Huîtres
- Saumon
- Sardines
- Truite

En plus de choisir des poissons plus petits qui sont riches en acides gras oméga-3, il est également préférable de choisir des poissons qui ont été capturés à l'état sauvage plutôt qu'élevé à la ferme.

Comme pour les animaux élevés pour la viande conventionnelle, les poissons d'élevage reçoivent une alimentation qui n'est pas naturelle pour eux. Il peut s'agir de maïs et de céréales.

En raison de leur régime alimentaire non naturel, les poissons d'élevage deviennent riches en acides gras oméga-6 et pauvres en acides gras oméga-3. En fait, selon une analyse publiée dans le Journal of the American Dietetic Association, les acides gras oméga-3 n'ont même pas pu être détectés dans certains poissons d'élevage trouvés dans les épiceries. En plus des niveaux modifiés d'acides gras, les poissons d'élevage accumulent des niveaux plus élevés de toxines et de contaminants dans leur chair.

Fruits et légumes

Vous savez que les fruits et légumes sont bons pour vous. Bien sûr, certains fruits contiennent plus de sucre naturel que d'autres, mais lorsque ce sucre est combiné avec les fibres du fruit, ce n'est pas un problème pour la plupart des gens. Les problèmes proviennent de la consommation d'une trop grande quantité de jus de fruits, qui contient tout le sucre sans aucune fibre, donc lorsque vous mangez des fruits, assurez-vous de les manger entiers et idéalement avec la peau sur (qui contient des fibres).

Il y a aussi des recherches qui montrent que les produits biologiques contiennent non seulement moins de pesticides et d'herbicides que les produits conventionnels, mais qu'ils sont aussi plus riches en certaines vitamines et minéraux.

Si votre budget ne vous permet pas de faire beaucoup de choix biologiques, vous pouvez prioriser les fruits et légumes à acheter en utilisant la liste des douze produits contaminés. La liste indique quels fruits et légumes sont généralement les plus contaminés. Ce sont les produits que vous devriez privilégier en achetant des produits biologiques. Les douze produits contaminés (par ordre décroissant) sont :

- Fraises
- Épinards
- Nectarines
- Pommes
- Raisins de cuve
- Pêches

- Cerises
- Poires
- Tomates
- Céleri
- Pommes de terre
- Poivrons doux et poivrons

En plus de la liste des douze produits contaminés, le Groupe de travail sur l'environnement fournit également une liste des produits qui ont tendance à contenir la plus faible quantité de pesticides et de contaminants. Ces fruits et légumes sont ceux que vous n'avez pas à privilégier en achetant des produits biologiques. Cette liste s'appelle les Quinze Propres (en commençant par les plus propres) :

- Avocats
- Maïs doux
- Ananas
- Choux
- Oignons
- Pois de senteur surgelés
- Papayes
- Asperges
- Mangue
- Aubergines
- Melons miellés
- Kiwis
- Cantaloups
- Chou-fleur
- Brocoli

Gras et huiles

Il n'y a rien à craindre. En fait, l'ajout de gras sains à votre alimentation peut vous fournir des vitamines et des minéraux précieux et vous aider à rester rassasié plus longtemps. La clé, c'est de choisir des matières grasses qui sont bonnes pour vous. Les graisses naturelles et saines sont des éléments essentiels d'une alimentation équilibrée.

La margarine contient des gras trans sous forme d'huiles hydrogénées. Les gras trans ont été créés pour prolonger la durée de conservation des aliments, mais ils ont un effet néfaste sur le taux de cholestérol. Contrairement aux gras saturés, qui augmentent les grosses particules duveteuses de LDL qui n'adhèrent pas aux parois des artères, les gras trans augmentent les petites particules denses de LDL qui s'accrochent aux parois des artères et peuvent causer des blocages qui augmentent le risque de maladie cardiaque.

Les huiles raffinées comme l'huile de soja, qui est un ingrédient courant dans de nombreux aliments préemballés, sont riches en acides gras oméga-6. Comme vous l'avez déjà appris, manger trop d'acides gras oméga-6 peut contribuer à l'inflammation chronique, qui est liée à de nombreuses maladies et problèmes de santé.

Les meilleurs gras à consommer comprennent :

- Huile d'avocat
- Huile de coco
- Ghee
- Huile de chanvre
- Huile d'olive
- Huile de sésame
- Beurre non salé
- Huile de noix

Sucre

La plupart des problèmes de santé que l'on attribue souvent à la graisse sont en fait dus au sucre. Le sucre n'a aucun effet bénéfique sur la santé, mais l'Américain moyen consomme environ 30 kg de sucre par an. Plus inquiétant encore que l'absence de valeur nutritive, le sucre contribue à l'inflammation chronique, augmente le risque de maladie cardiaque, déstabilise le taux de glycémie et nourrit les cellules cancéreuses. Manger trop de sucre peut aussi faciliter la prise de poids.

Les fabricants ont essayé de résoudre le problème du sucre en introduisant des édulcorants artificiels sur le marché, mais des études montrent que les personnes qui consomment des édulcorants artificiels ont un plus grand risque de diabète, de syndrome métabolique et de maladie cardiaque. Les édulcorants artificiels peuvent également déséquilibrer l'équilibre des bactéries dans votre intestin, causant des problèmes digestifs et systémiques. Les édulcorants artificiels ont même été associés au cancer et aux migraines chroniques. De plus, lorsque vous donnez à votre corps le goût sucré sans aucune calorie, cela peut entraîner des envies de sucre qui sont encore plus intenses.

Quelle que soit sa forme, le sucre doit être limité autant que possible. Cependant, il y a certains édulcorants qui sont meilleurs pour vous que d'autres. Les meilleurs choix incluent :

- Sucre de coco
- Sucre de dattes
- Érythritol
- Mélasse
- Fruit de moine
- Sucre de palme
- Sirop d'érable pur
- Miel brut
- Stévia

Bien que le stévia soit une plante et qu'il soit commercialisé sous forme naturelle, de nombreuses formes emballées sont hautement transformées lorsqu'elles sont à votre disposition. De plus, certains produits à base de stévia contiennent également des ingrédients ajoutés, comme les « arômes naturels », qui sont défavorables. Le terme arômes naturel n'est pas étroitement réglementé par la FDA, et les entreprises sont libres d'utiliser cette description même pour les additifs chimiques qui imitent les arômes naturels. Si vous choisissez d'utiliser le stévia, faites-le avec parcimonie et assurez-vous d'en choisir un qui est pur et biologique.

Partie 5 : Recettes adaptées pour le jeûne intermittent

Voici des recettes qui s'adapteront parfaitement à votre nouveau mode de vie à jeun intermittent. Il s'agit d'un mélange de traditionnel et de végétarien, y compris des plats préférés comme le Scrambler, l'omelette au bacon et aux légumes et le poulet au thym.

Du petit-déjeuner au dîner avec des soupes, des salades et des collations. Et bien sûr, il y a toujours de la place pour des desserts comme les biscuits au beurre d'arachide et la tarte aux pêches.

Casserole pour le petit-déjeuner

Vous pouvez préparer cette délicieuse casserole un jour ou deux à l'avance afin de prendre un petit-déjeuner rapide et prêt à emporter, sans préparation supplémentaire.

Ingrédients :

- 450 g de bœuf haché
- 1 petit oignon jaune, pelé et coupé en dés
- 1 cuillère de poivre noir fraîchement moulu
- 1 cuillère de poudre d'ail
- 1 cuillère de flocons de poivron rouge
- 12 gros œufs
- 1 tasse de lait de coco entier et non sucré
- 1 cuillère d'huile de noix de coco
- 1 petite courge musquée, pelée, épépinée et tranchée

Préparation :

1. Dans une grande poêle à feu moyen, faire cuire le bœuf haché. Ajoutez l'oignon et les épices et faites cuire 10 minutes jusqu'à ce que les oignons soient tendres.

2. Dans un grand bol, fouettez les œufs et le lait.

3. Graissez l'intérieur de la mijoteuse avec de l'huile de noix de coco. Incorporez la courge, le mélange de bœuf et le mélange d'œufs. Remuez et assurez-vous que le mélange de bœuf est complètement recouvert par le mélange d'œufs. Faites cuire à feu doux pendant 10 heures.

4. Servez tiède et tranchée.

Valeurs nutritionnelles par portion

Calories : 581 | Lipides : 37,4 g | Protéines : 41,3 g | Sodium : 288 mg | Fibres : 1,6 g | Sodium : 288 mg | Glucides : 11,4 g | Glucides nets : 9,8 g | Sucre : 2,5 g

Hachis de dinde aux œufs

Si vous avez envie d'un petit-déjeuner copieux, mais tout de même sain, faites de ce plat un délice. Rapide et facile à préparer, ce plat est parfait pour votre premier repas ou tout autre repas de la journée.

Ingrédients :

- 1 cuillère d'huile d'olive
- 450 g de dinde hachée
- 450 g de pommes de terre, pelées et râpées
- 12 gros œufs
- 1½ cuillère de sel
- 1½ cuillère de poivre noir fraîchement moulu
- ½ cuillère de poivre de Cayenne moulu

Préparation :

1. Préchauffez le four à 190 °C.

2. Graissez un plat à gratin en verre avec un spray de cuisson.

3. Faites chauffer l'huile dans une poêle moyenne à feu moyen pendant 1 minute. Ajoutez la dinde hachée et faites cuire jusqu'à ce qu'elle ne soit plus rose, environ 6 minutes.

4. Transférez la dinde cuite dans un grand bol et mélangez-la avec le reste des ingrédients. Bien mélanger.

5. Versez le mélange dans le plat de cuisson préparé. Faites cuire 40 minutes jusqu'à ce que le dessus soit pris et qu'un cure-dent inséré en ressorte propre.

6. Laissez refroidir 5 minutes, puis coupez-le en 16 morceaux et servez.

Valeurs nutritionnelles par portion

Calories : 137 | Lipides : 7,4 g | Protéines : 10,7 g | Sodium : 344 mg | Fibres : 0,5 g | Sodium : 344 mg | Glucides : 5,1 g | Glucides nets : 4,6 g | Sucre : 0,4 g

Gruau d'avoine à l'orange et à la grenade

Si votre recette de gruau standard vous semble un peu fade, essayez cette version remaniée ! Les canneberges acidulées et l'orange fraîche ajoutent des vitamines et des minéraux supplémentaires — et une saveur piquante qui fait monter les choses d'un cran.

Ingrédients :

- 1 tasse de jus d'orange fraîchement pressé
- ½ tasse d'eau
- 1 tasse de canneberges fraîches
- 2 tasses de flocons d'avoine sans gluten
- 1 cuillère de sirop d'érable
- 1 cuillère de zeste d'orange fraîchement râpé

Préparation :

1. Mélangez le jus d'orange, l'eau et les canneberges dans une casserole moyenne à feu moyen. Laissez mijoter à feu doux pendant environ 5 minutes.

2. Ajoutez l'avoine et laissez mijoter en remuant constamment, jusqu'à épaississement, environ 8 minutes. Retirez du feu et ajoutez le sirop d'érable en remuant.

3. Répartissez la farine d'avoine dans deux bols, garnissez de zeste d'orange et servez immédiatement.

Valeurs nutritionnelles par portion

Calories : 487 | Lipides : 7,2 g | Protéines : 15,1 g | Sodium : 3 mg | Fibres : 12,9 g | Glucides : 90,5 g | Glucides nets : 77,6 g | Sucre : 20,5 g

Scrambler

Vous manquez de temps ? Cette version brouillée de Huevos Rancheros peut être faite en quelques minutes. Si vous voulez un coup de piquant, épicez-le avec des tranches de piments jalapeños.

Ingrédients :

- 4 gros œufs
- ½ cuillère de sel
- ¼ cuillère de poivre noir fraîchement moulu
- 1 cuillère d'huile d'olive
- ¼ tasse de salsa sans sucre ajouté
- ½ grosse avocat, pelé, dénoyauté et coupé en dés
- ¼ tasse de coriandre fraîche hachée

Préparation :

1. Fouettez les œufs, le sel et le poivre dans un bol moyen.

2. Faites chauffer l'huile d'olive 30 secondes dans une poêle moyenne à feu moyen. Ajoutez les œufs et mélangez jusqu'à ce qu'ils soient cuits, environ 4 minutes.

3. Transférez dans deux bols et garnissez chacun avec ⅛ tasse de salsa, ¼ tasse d'avocat en dés et ⅛ tasse de coriandre. Servez immédiatement.

Valeurs nutritionnelles par portion

Calories : 239 | Lipides : 15,6 g | Protéines : 13,3 g | Sodium : 956 mg | Fibres : 2,8 g | Glucides : 6,9 g | Glucides nets : 4,1 g | Sucre : 2,5 g

Bol aux noix de coco et au cacao

Ce bol aux noix et au chocolat est délicieux et regorge de graisses saines et de micronutriments. Savourez-le comme votre premier repas de la journée pour commencer à combler vos besoins quotidiens en nutriments. Pour obtenir une consistance plus épaisse, ajouter plus de glace pendant le mélange.

Ingrédients :

- 1 cuillère de noix de coco non sucrée râpée
- 1 tasse de lait d'amande non sucré
- 1 banane moyenne mûre, pelée
- 2 cuillères de cacao brut non sucré en poudre
- 1½ cuillère de sirop d'érable pur
- ⅛ cuillère de sel
- 6 glaçons (environ ½ tasse)
- 5 noisettes, décortiquées et hachées
- 1 cuillère de graines de citrouille écalées

Préparation :

1. Faites griller la noix de coco dans une petite poêle à feu moyen, en remuant fréquemment jusqu'à ce que les flocons soient dorés, environ 3 minutes. Mettez de côté.

2. Ajoutez le lait, la banane, la poudre de cacao, le sirop d'érable, le sel et la glace au mélangeur et mélangez jusqu'à consistance lisse, environ 30 secondes.

3. Versez le mélange dans un bol de service et garnissez de noisettes, de graines de citrouille et de noix de coco grillée. Servez.

Valeurs nutritionnelles par portion

Calories : 294 | Lipides : 14,2 g | Protéines : 6,5 g | Sodium : 379 mg | Fibres : 6,6 g | Glucides : 41,1 g | Glucides nets : 34,5 g | Sucre : 21,3 g

Avoine aux épices et à la citrouille

Vous allez adorer creuser dans ces délicieuses et savoureuses variétés d'avoine à la citrouille ! Ce plat est parfait pour vous aider à passer une journée bien remplie.

Ingrédients :

- ½ tasse de flocons d'avoine sans gluten
- ¼ tasse de lait d'amande non sucré
- ¼ tasse de purée de citrouille
- ½ cuillère de tarte aux épices pour tarte à la citrouille
- ½ cuillère d'extrait de vanille sans alcool
- ½ cuillère de cannelle moulue
- 1 cuillère de sirop d'érable pur
- 2 cuillères de beurre d'amande non salé, sans sucre ajouté
- 2 cuillères de noix de Grenoble hachées

Préparation :

1. Dans un bol moyen, mélangez l'avoine et le lait et remuez. Ajoutez la purée de citrouille, l'épice à tarte à la citrouille, la vanille, la cannelle et le sirop d'érable. Remuez.

2. Versez la moitié du mélange d'avoine dans chacun des deux petits pots de mise en conserve. Ajoutez 1 cuillère de beurre d'amande sur le dessus des flocons d'avoine dans chaque pot. Répartissez le reste de l'avoine sur le beurre d'amande. Recouvrez de couvercles de bocal. Laissez au réfrigérateur toute la nuit.

3. Le matin, garnissez de noix et savourez ! Le mélange peut être conservé au réfrigérateur jusqu'à 3 jours.

Valeurs nutritionnelles par portion

Calories : 288 | Lipides : 14,9 g | Protéines : 8,4 g | Sodium : 25 mg | Fibres : 5,9 g | Glucides : 30,4 g | Glucides nets : 24,5 g | Sucre : 8,9 g

Galettes de saucisses au poulet

Ces délicieuses saucisses se marient bien avec les œufs pochés et le hachis végétarien.

Ingrédients :

- 1,3 kg de poulet haché
- 1 oignon jaune moyen, pelé et haché finement
- ½ tasse de persil plat frais finement haché
- 1 cuillère de sauge fraîche hachée
- 6 gousses d'ail, pelées et émincées
- 1 cuillère de gingembre frais pelé et émincé
- 2 cuillères de flocons de poivron rouge
- 1 cuillère de clou de girofle moulu
- 1 cuillère de poivre blanc moulu
- 4 cuillères d'huile d'olive

Préparation :

1. Dans un grand bol, mélangez tous les ingrédients sauf l'huile ; bien mélanger à la main.

2. Répartissez le mélange en 24 galettes d'environ 5 cm de diamètre.

3. Faites chauffer l'huile dans une grande poêle à frire à feu moyen jusqu'à ce qu'elle soit chaude, environ 30 secondes. Faites sauter les galettes environ 5 minutes de chaque côté jusqu'à ce qu'elles soient bien cuites.

4. Servez avec les accompagnements.

Valeurs nutritionnelles par portion

Calories : 105 | Lipides : 6,4 g | Protéines : 10,1 g | Sodium : 35 mg | Fibres : 0,2 g | Sodium : 35 mg Glucides : 1,0 g | Glucides nets : 0,8 g | Sucre : 0,2 g

Nouilles au pesto

Faire des zoodles, ou nouilles de courgettes n'est pas seulement amusant, mais aussi une façon saine de savourer des recettes de pâtes.

Ingrédients :

- ¾ tasse de feuilles de basilic frais
- 2 cuillères d'huile d'olive à l'ail
- ¼ tasse de pignons de pin
- 3 cuillères d'huile d'olive
- ½ tasse de fromage parmesan râpé
- ¼ cuillère de sel
- ¼ cuillère de poivre noir fraîchement moulu
- 450 g de courgettes, pelées en longs rubans étroits

Préparation :

1. Pour la sauce pesto, combinez le basilic, l'huile d'ail et les pignons de pin dans un robot culinaire et mélangez jusqu'à grossièrement hacher, environ 5 légumes secs. Ajoutez 2 cuillères d'huile d'olive, le fromage, ⅛ cuillère de sel et ⅛ cuillère de poivre et mélangez jusqu'à consistance lisse, environ 10 autres impulsions.

2. Faites chauffer le reste de l'huile d'olive dans une poêle moyenne à feu moyen pendant 1 minute. Ajoutez les nouilles aux courgettes, ⅛ cuillère de sel et ⅛ cuillère de poivre dans la poêle et remuez 5 minutes jusqu'à ce que les nouilles soient tendres. Servez avec la sauce pesto.

Valeurs nutritionnelles par portion

Calories : 374 | Lipides : 32,8 g | Protéines : 8,9 g | Sodium : 443 mg | Fibres : 2,3 g | Glucides : 9,1 g | Glucides nets : 6,8 g | Sucre : 4,1 g

Omelette au bacon et aux légumes

Le bacon et les œufs sont une tradition du petit-déjeuner. Cette omelette combine les deux petits-déjeuners préférés avec des légumes pour vous aider à optimiser votre apport en micronutriments pendant vos repas.

Ingrédients :

- 6 tranches de bacon, coupées en dés
- 1 courge jaune moyen, haché
- 1 tasse de champignons blancs tranchés
- 1 courgette moyenne, hachée
- ¼ tasse de feuilles de basilic frais, hachées
- 2 cuillères d'huile d'olive
- 8 gros œufs, battus

Préparation :

1. Dans une grande poêle à frire à feu moyen élevé, faites cuire le bacon jusqu'à ce qu'il soit croustillant, environ 5 minutes. Ajoutez les légumes et le basilic dans la poêle et faites-les sauter jusqu'à ce qu'ils soient tendres, environ 8 minutes.

2. Faites chauffer l'huile d'olive dans une deuxième grande poêle à feu moyen, environ 1 minute.

3. Ajoutez les œufs dans la deuxième casserole et faites cuire 3 minutes de chaque côté.

4. Déposez le mélange de légumes et de bacon sur une moitié des œufs et repliez l'autre moitié pour recouvrir la garniture. Servez.

Valeurs nutritionnelles par portion

Calories : 606 | Lipides : 42,5 g | Protéines : 40,4 g | Sodium : 875 mg | Fibres : 2,5 g | Glucides : 9,6 g | Glucides nets : 7,1 g | Sucre : 6,1 g

Omelette au saumon

Cette omelette savoureuse est pleine d'acides gras oméga-3. Il deviendra sûrement un aliment de base pour le petit-déjeuner.

Ingrédients :

- 2 cuillères d'huile d'olive
- ¼ tasse d'échalotes parées et hachées
- 1 tasse d'asperges parées et hachées
- 1 cuillère d'aneth frais haché
- 170 g de saumon
- 6 gros œufs, battus

Préparation :

1. Dans une grande poêle, mélangez l'huile d'olive, les échalotes, les asperges et l'aneth. Faites sauter à feu moyen élevé jusqu'à ce que les asperges soient tendres, environ 10 minutes, puis retirez le mélange de la poêle et réservez.

2. Dans la même poêle à feu moyen, faites sauter le saumon jusqu'à ce qu'il soit feuilleté, environ 10 minutes, selon l'épaisseur du saumon. Retirez du poêlon et mettez-le de côté.

3. Laissez refroidir légèrement la poêle, puis essuyez-la avec un essuie-tout. Faites cuire les œufs des deux côtés à feu moyen jusqu'à ce qu'ils soient légèrement dorés, environ 5 minutes de chaque côté.

4. Déposez le mélange de saumon et d'oignons verts sur une moitié des œufs et repliez l'autre moitié pour recouvrir la garniture. Servez.

Valeurs nutritionnelles par portion

Calories : 484 | Lipides : 30,2 g | Protéines : 42,9 g | Sodium : 544 mg | Fibres : 1,7 g | Sodium : 544 mg Glucides : 4,6 g | Glucides nets : 2,9 g | Sucre : 2,1 g

Soupe aux patates douces et à la moutarde

Les pois aux yeux noirs offrent le délicieux caractère terreux des pois verts, mais avec une touche salée. Si vous n'aimez pas les feuilles de moutarde ou si vous voulez changer cette recette, vous pouvez utiliser les feuilles de moutarde foncées fraîches ou congelées que vous voulez. Les choux frisés ou les choux verts sont d'excellents choix et sont également riches en antioxydants.

Ingrédients :

- 1 cuillère d'huile d'olive
- 1 oignon jaune moyen, pelé et haché
- 2 branches moyennes de céleri, hachées
- 1 grosse carotte, pelée et hachée
- 2 cuillères de sel
- 1 cuillère de thym séché
- 2 cuillères d'origan séché
- 1 cuillère de cumin moulu
- 1 piment chipotle séché, coupé en deux
- 2 feuilles de laurier
- 450 g de petits pois séchés aux yeux noirs
- 1 litre de bouillon de légumes
- 1 grosse patate douce, pelée et coupée en dés
- 1 paquet (300 g) de feuilles de moutarde congelées, hachées
- 600 g de tomates en dés, égouttées
- ¼ cuillère de coriandre fraîche hachée

Préparation :

1. Dans un grand poêle à fond épais, faites chauffer l'huile 1 minute à feu moyen. Ajoutez l'oignon, le céleri, la carotte et le sel ; faites cuire 5 minutes jusqu'à ce que les oignons soient translucides. Ajoutez le thym, l'origan, le cumin, le piment chipotle et les feuilles de laurier ; faites cuire 2 minutes supplémentaires.

2. Ajoutez les petits pois aux yeux noirs et le bouillon de légumes. Portez à ébullition à feu vif, puis laissez mijoter à feu doux pendant 2 heures, jusqu'à ce que les haricots soient très tendres.

3. Ajoutez les patates douces et faites cuire 20 minutes. Incorporez les feuilles de moutarde hachées et les tomates. Faites cuire 10 minutes de plus jusqu'à ce que les pommes de terre et les légumes verts soient tendres. Adaptez la consistance avec du bouillon de légumes supplémentaire. La soupe devrait avoir beaucoup de bouillon.

4. Retirez les feuilles de laurier. Servez garni de coriandre hachée.

Valeurs nutritionnelles par portion

Calories : 107 | Lipides : 2,4 g | Protéines : 4,8 g | Sodium : 1 283 mg | Fibres : 5,2 g | Sodium : 1 283 mg | Glucides : 18,6 g | Glucides nets : 13,4 g | Sucre : 5,2 g

Soupe aux haricots blancs

Les haricots sont pleins de fibres, ce qui vous permet non seulement de rester régulier, mais aussi d'être rassasié plus longtemps. Cette délicieuse soupe toscane aux haricots blancs vous permettra d'apaiser votre faim.

Ingrédients :

- 2 cuillères d'huile d'olive, e
- 1 oignon jaune moyen, pelé et haché
- 1 gros poireau, partie blanche seulement, haché finement
- 3 gousses d'ail, pelées et hachées finement
- 3 cuillères de romarin frais haché
- 1 feuille de laurier
- 1,5 litre de bouillon de légumes
- 2 tasses de gros haricots blancs trempés toute la nuit
- ¼ cuillère de sel
- ¼ cuillère de poivre blanc moulu

Préparation :

1. Dans une grande marmite à soupe à feu moyen, faites chauffer 1 cuillère d'huile d'olive pendant 1 minute. Ajoutez l'oignon, le poireau et l'ail ; faites cuire 10 minutes jusqu'à ce que les oignons soient translucides, en remuant fréquemment. Ajoutez le romarin et le laurier ; faites cuire 5 minutes de plus.

2. Ajoutez le bouillon et les haricots dans la casserole. Portez à ébullition à feu vif. Réduisez le feu à doux et faites cuire 60 minutes jusqu'à ce que les haricots soient très tendres et commencent à se désagréger.

3. Retirez la feuille de laurier. Réduisez les ⅔ de la soupe en purée au mélangeur ; ajoutez de nouveau au reste de la soupe. Assaisonnez de sel et de poivre.

4. Servez chaque bol avec une quantité égale de l'autre cuillère d'huile d'olive saupoudrée sur le dessus.

Valeurs nutritionnelles par portion

Calories : 237 | Lipides : 5,1 g | Protéines : 15,4 g | Sodium : 1 379 mg | Fibres : 8,2 g | Sodium : 1 379 mg | Glucides : 36,3 g | Glucides nets : 28,1 g | Sucre : 3,2 g

Chili végétalien

Si vous préférez un chili charnu, vous pouvez ajouter du bœuf haché ou de la dinde hachée à cette recette en faisant cuire le bœuf avec les oignons. Avec ou sans la viande, ce chili copieux vous gardera rassasié (et satisfait !) pendant des heures.

Ingrédients :

- ¼ tasse d'huile d'olive
- 2 tasses d'oignons jaunes pelés et hachés
- 1 tasse de carottes pelées et hachées
- 2 tasses de poivrons assortis, épépinés et hachés
- 2 cuillères de sel
- 4 cuillères de cumin moulu
- 1 cuillère d'ail pelé et haché
- 2 jalapeños moyens, épépinés, épépinés et hachés
- 1 cuillère de piment rouge ancho moulu
- 1 chipotle en adobo, haché
- 800 g de tomates italiennes en conserve, hachées grossièrement, jus inclus
- 3 petites boites de haricots en conserve, égouttés et rincés : 1 rein rouge, 1 cannellini et 1 noir
- 1 tasse de jus de tomate
- 2 cuillères d'oignons rouges pelés, pelés et finement hachés
- 2 cuillères de coriandre fraîche hachée

Préparation :

1. Faites chauffer l'huile dans un grand poêle ou une marmite à soupe à fond épais à feu moyen pendant 1 minute. Ajoutez les oignons, les carottes, les poivrons et le sel ; faites cuire 15 minutes à feu moyen jusqu'à ce que les oignons soient tendres.

2. Dans une petite poêle sèche à feu moyen, faites griller le cumin 1 minute. Ajoutez le cumin dans la casserole après l'avoir grillé.

3. Ajoutez l'ail, les piments jalapeños, l'anchois et le chipotle au mélange de légumes ; faites cuire 5 minutes de plus.

4. Incorporez les tomates, les haricots et le jus de tomate. Laissez mijoter à couvert 45 minutes à feu doux.

5. Servez garni d'oignons rouges et de coriandre.

Valeurs nutritionnelles par portion

Calories : 263 | Lipides : 7,5 g | Protéines : 10,7 g | Sodium : 1 188 mg | Fibres : 12,6 g | Sodium : 1 188 mg | Glucides : 41,0 g | Glucides nets : 28,4 g | Sucre : 11,4 g

Galettes d'agneau

L'agneau peut être servi saignant, mais l'œuf doit être bien cuit. Les chutneys de fruits ou les confitures de graines de chia sont des compléments parfaits aux galettes d'agneau.

Ingrédients :

- 1 échalote moyenne, pelée et hachée finement
- 2 gousses d'ail, pelées et émincées
- 225 g d'agneau haché
- 1 gros blanc d'œuf
- ¼ tasse de cassis séchés
- ¼ tasse de pistaches entières
- ½ cuillère de cannelle moulue
- ¼ cuillère de grains de poivre noir fraîchement concassés
- ⅛ cuillère de sel

Préparation :

1. Préchauffez le four à 175 °C.

2. Dans un bol moyen, mélangez tous les ingrédients.

3. Façonnez le mélange en 6 petits ovales. Déposez dans un plat allant au four et faites cuire au four pendant 15 minutes. Servez tiède.

Valeurs nutritionnelles par portion

Calories : 399 | Lipides : 21,8 g | Protéines : 27,3 g | Sodium : 243 mg | Fibres : 3,6 g | Glucides : 21,4 g | Glucides nets : 17,8 g | Sucre : 14,3 g

Médaillons de porc aux champignons

Ces médaillons de porc aux champignons sont sans gluten, approuvés Paléo et extrêmement délicieux. Le repas de lin ajoute une saveur riche et noisettée, ainsi que des acides gras oméga-3 et des antioxydants.

Ingrédients :

- 1 cuillère d'huile d'olive
- 450 g de filet de porc, tranché en médaillons
- 1 petit oignon jaune, pelé et tranché
- ¼ tasse de champignons blancs tranchés
- 1 gousse d'ail, pelée et hachée finement
- 2 cuillères de farine de lin
- ½ tasse de bouillon de bœuf sans sel ajouté
- ¼ cuillère de romarin séché, écrasé
- ⅛ cuillère de poivre noir fraîchement moulu

Préparation :

1. Dans une grande poêle, faites chauffer l'huile d'olive à feu moyen vif pendant 30 secondes. Ajoutez le porc et faites dorer 2 minutes de chaque côté. Retirez le porc de la poêle et mettez-le de côté.

2. Dans la même poêle, ajoutez les oignons, les champignons et l'ail et faites sauter 1 minute. Incorporez la farine de lin jusqu'à ce qu'elle soit mélangée.

3. Incorporez graduellement le bouillon, puis ajoutez le romarin et le poivre. Faites bouillir à feu vif. Faites cuire et remuez 1 minute jusqu'à épaississement.

4. Disposez les médaillons de porc sur le mélange dans la poêle. Baissez le feu à doux ; couvrez et laissez mijoter 15 minutes jusqu'à ce que le jus de la viande soit clair. Servez chaud.

Valeurs nutritionnelles par portion

Calories : 311 | Lipides : 13,2 g | Protéines : 40,7 g | Sodium : 433 mg | Fibres : 1,3 g | Fibres : 1,3 g Glucides : 5,8 g | Glucides nets : 4,5 g | Sucre : 2,1 g

Bavette de bœuf aux agrumes

Ce steak aux agrumes se marie parfaitement avec une salade verte garnie de fraises ou de myrtilles.

Ingrédients :

- ¼ tasse d'huile de sésame grillée
- 1 cuillère de jus de citron vert fraîchement pressé
- 1 cuillère de jus d'ananas
- 1 cuillère de sirop d'érable pur
- 1 pommeau de gingembre, pelé et tranché finement
- ¼ cuillère de sel
- ¼ cuillère de poivre noir fraîchement moulu
- 1 bavette de bœuf
- 2 cuillères d'huile d'olive

Préparation :

1. Dans un robot culinaire, mélangez l'huile de sésame, le jus de lime, le jus de lime, le jus d'ananas, le sirop d'érable, le gingembre, le sel et le poivre environ 30 secondes, puis versez-le dans un grand bol.

2. Ajoutez le bifteck au bol et couvrez de marinade. Laissez reposer au réfrigérateur à couvert pendant 4 heures.

3. Faites chauffer l'huile d'olive dans une grande poêle en fonte à feu moyen pendant 1 minute, ou faites chauffer le gril à feu moyen élevé.

4. Faites cuire le bifteck dans une poêle ou grillez le bifteck 8 minutes de chaque côté. Transférez le bifteck sur une planche à découper ; couvrez lâchement de papier d'aluminium et laissez reposer 10 minutes.

5. Tranchez le bifteck à contre-courant et servez.

Valeurs nutritionnelles par portion

Calories : 333 | Lipides : 27,5 g | Protéines : 16,3 g | Sodium : 52 mg | Fibres : 0,0 g | Sodium : 52 mg
Glucides : 0,3 g | Glucides nets : 0,3 g | Sucre : 0,2 g

Salade au filet mignon

Le filet mignon, la portion de bœuf la plus tendre et la plus populaire, est assaisonné jusqu'à neuf dans des légumes verts, des tomates et du fromage de chèvre dans cette salade farcie.

Ingrédients :

- ¼ grosse laitue romaine (sans les côtes), hachée
- ½ grosse endives belges à grosse tête, parées et tranchées finement en croix
- ¼ tasse de basilic frais haché
- 1½ tasse de bébé roquette
- 2 cuillères de sirop d'érable pur
- ½ tasse de vinaigre de vin de riz
- 1½ cuillère de jus de citron fraîchement pressé
- ½ cuillère de sel
- ½ cuillère de poivre noir fraîchement moulu
- ½ tasse plus 1½ cuillère d'huile d'olive, e
- 1 cuillère de beurre non salé nourri à l'herbe
- 225 g de filet mignon
- 60 g de fromage de chèvre émietté
- 8 tomates cerises, coupées en deux

Préparation :

1. Dans un grand saladier, mélangez la Romaine, l'endive, le basilic et la roquette.

2. Dans un robot culinaire ou un mélangeur, ajoutez le sirop d'érable, le vinaigre, le jus de citron, le sel et le poivre. Lorsque la machine tourne à basse vitesse, incorporez lentement ½ tasse d'huile. Mettez de côté.

3. Faites fondre le beurre avec le reste de l'huile d'olive dans une poêle moyenne en fonte ou en acier inoxydable à feu moyen pendant 1 minute. Ajoutez le filet mignon et faites cuire 7 minutes de chaque côté pour une cuisson à point (ou plus, selon le degré de cuisson désiré). Retirez du feu et laissez reposer 5 minutes. Tranchez en bandes d'épaisseur moyenne.

4. Ajoutez le filet mignon, le fromage de chèvre et les tomates cerises dans le saladier. Arrosez de vinaigrette. Bien remuez pour bien enrober, puis servez.

Valeurs nutritionnelles par portion

Calories : 910 | Lipides : 77,1 g | Protéines : 36,6 g | Sodium : 602 mg | Fibres : 4,1 g | Sodium : 602 mg Glucides : 12,7 g | Glucides nets : 8,6 g | Sucre : 7,5 g

Bœuf aux épinards et aux patates douces

Ce bœuf aux épinards et aux patates douces est un repas parfaitement complet tout-en-un. Vous profiterez d'un excellent équilibre de protéines, de légumes et de glucides de haute qualité. Si les pommes de terre commencent à coller pendant la cuisson, ajouter plus de vinaigre.

Ingrédients :

- 450 g de filet de bœuf, coupé en 4 médaillons
- ¼ cuillère de sel
- ¼ cuillère de poivre noir fraîchement moulu
- 3 cuillères d'huile d'olive, e
- 225 g de patates douces, pelées et coupées en petits cubes
- ½ cuillère de curcuma moulu
- ¼ cuillère de poudre de chili
- 2 cuillères de vinaigre de vin de riz
- 3 cuillères de sirop d'érable pur
- 1½ tasse de bébés épinards frais
- ⅓ tasse de graines de citrouille grillées

Préparation :

1. Assaisonnez le bœuf de sel et de poivre. Faites chauffer 2 cuillères d'huile dans une poêle en fonte à feu moyen élevé pendant 1 minute. Ajoutez le bœuf dans la poêle et faites cuire 3 minutes de chaque côté pour une cuisson à point. Transférez sur la plaque et couvrez de papier d'aluminium.

2. Ajoutez le reste de l'huile dans la poêle avec les patates douces. Faites cuire à feu moyen élevé jusqu'à ce qu'ils soient dorés, environ 15 minutes. Incorporez le curcuma et la poudre de chili et faites cuire 1 minute de plus.

3. Ajoutez le vinaigre et le sirop d'érable dans la poêle. Ajoutez les épinards, ½ tasse à la fois, et faites cuire 2 minutes en remuant.

4. Déposez les épinards et les patates douces dans les assiettes et garnissez-les de bœuf, suivi d'une quantité égale de graines de citrouille sur chacune.

Valeurs nutritionnelles par portion

Calories : 779 | Lipides : 49,4 g | Protéines : 43,6 g | Sodium : 487 mg | Fibres : 5,7 g | Sodium : 487 mg | Glucides : 31,0 g | Glucides nets : 25,3 g | Sucre : 6,7 g

Poivrons farcis à la dinde hachée

Ces poivrons farcis se conservent très bien, vous pouvez donc les préparer à l'avance. Cette recette est aussi un modèle de base, alors n'hésitez pas à ajouter les légumes supplémentaires que vous avez sous la main.

Ingrédients :

- 1 cuillère d'huile d'olive
- 450 g de dinde hachée
- 1 cuillère d'huile à l'ail, e
- 2 tomates Roma moyennes, hachées
- 2 cuillères de pignons de pin
- 1 tasse de riz brun cuit
- 1½ cuillère de poudre de chili
- ½ cuillère de cumin moulu
- 1 cuillère de paprika fumé
- 3 cuillères de coriandre fraîche hachée
- 3 gros poivrons (1 orange, 1 jaune, 1 verte), équeutés, coupés en deux et épépinés
- 2 cuillères d'huile de noix de coco, fondue
- 6 tranches de fromage de chèvre (1 once)
- 3 cuillères de salsa sans sucre ajouté

Préparation :

1. Préchauffez le four à 190 °C.

2. Faites chauffer l'huile d'olive dans une grande poêle à feu moyen vif pendant 1 minute. Ajoutez la dinde et faites cuire jusqu'à ce qu'elle soit dorée, environ 7 minutes.

3. Ajoutez la moitié de l'huile d'ail dans la poêle avec les tomates et les pignons de pin ; remuez et chauffez pendant environ 3 minutes.

4. Ajoutez le riz brun et mélangez. Incorporez le reste de l'huile d'ail, la poudre de chili, le cumin, le paprika et la coriandre. Retirez du feu.

5. Farcissez les poivrons coupés en deux avec le mélange de riz brun et badigeonnez l'extérieur des poivrons d'huile de noix de coco. Placez les poivrons dans un plat peu profond allant au four. Garnissez chaque poivron d'une tranche de fromage de chèvre. Couvrez le plat de papier d'aluminium sans serrer.

6. Faites cuire au four 40 minutes jusqu'à ce que les poivrons soient tendres. Garnissez de salsa et servez.

Valeurs nutritionnelles par portion

Calories : 779 | Lipides : 49,4 g | Protéines : 43,6 g | Sodium : 487 mg | Fibres : 5,7 g | Sodium : 487 mg | Glucides : 31,0 g | Glucides nets : 25,3 g | Sucre : 6,7 g

Burgers au poulet

Cette recette de base deviendra un aliment de base pour votre régime de jeûne intermittent. Les hamburgers au poulet sont faciles à préparer et se conservent bien, de sorte que vous pouvez toujours avoir un repas rapide sur le pouce. Vous pouvez aussi les faire vôtres en substituant n'importe quel type de viande et d'épices.

Ingrédients :

- 450 g de poulet haché
- ½ cuillère de sel
- ½ cuillère de poivre blanc moulu
- 1 gros œuf, battu
- ¼ tasse de fromage parmesan râpé
- 1 cuillère d'huile d'olive

Préparation :

1. Dans un grand bol, mélangez tous les ingrédients, à l'exception de l'huile, avec les mains jusqu'à consistance homogène.

2. Façonnez le mélange en 4 galettes.

3. Dans une grande poêle, faites chauffer l'huile à feu moyen élevé pendant 1 minute et ajoutez les hamburgers. Faites dorer d'un côté environ 5 minutes, puis retournez et faites cuire l'autre côté encore 5 minutes jusqu'à ce qu'il soit bien cuit. Servez chaud.

Valeurs nutritionnelles par portion

Calories : 224 | Lipides : 13,9 g | Protéines : 21,9 g | Sodium : 480 mg | Fibres : 0,9 g | Glucides : 1,2 g | Glucides nets : 0,3 g | Sucre : 0,1 g

Tajine de poulet à la mijoteuse

Le tajine est un ragoût originaire du Maroc et que l'on trouve également dans d'autres régions d'Afrique du Nord. C'est aussi connu sous le nom de tavas dans la cuisine chypriote. Profitez de cette version plus facile d'une recette de tajine plus traditionnelle !

Ingrédients :

- 1½ cuillère de paprika doux
- 1 cuillère de cannelle moulue
- 1½ cuillère de coriandre moulue
- 1½ cuillère de curcuma moulu
- 2 cuillères de cardamome moulue
- 1½ cuillère de piment de la Jamaïque moulu
- ⅛ cuillère de poudre d'asafetida sans blé
- ¼ cuillère de sel
- ¼ cuillère de poivre noir fraîchement moulu
- 4 cuisses de poulet désossées, sans peau, coupées en deux
- 1 cuillère d'huile d'olive
- 1½ cuillère de gingembre moulu
- 1½ cuillère de safran
- 400 g de tomates entières, égouttées
- ⅓ tasse de pois chiches en conserve, bien égouttés et rincés
- ½ litre de bouillon de poulet
- 1 citron, coupé en quartiers
- 1 cuillère de persil plat frais haché

Préparation :

1. Dans une petite poêle à feu moyen, faites griller le paprika, la cannelle, la coriandre, le curcuma, la cardamome et le piment de Jamaïque jusqu'à ce qu'ils sentent bon, environ 2 minutes. Laissez refroidir 3 minutes.

2. Une fois refroidi, saupoudrez le mélange d'épices, l'asafetida, le sel et le poivre des deux côtés de chaque cuisse de poulet coupée en deux.

3. Dans une grande poêle, faites chauffer l'huile à feu moyen pendant 1 minute. Ajoutez les cuisses de poulet et faites-les saisir jusqu'à ce qu'elles soient dorées, environ 2 minutes de chaque côté. Retirez du feu et placez le poulet dans une mijoteuse.

4. Ajoutez le gingembre dans une petite poêle. Faites cuire à feu moyen et remuez 2 minutes, puis ajoutez-les à la mijoteuse.

5. Ajoutez le safran, les tomates, les pois chiches et le bouillon de poulet à la mijoteuse. Laissez cuire à feu vif pendant 4 heures. Une fois cuit, le déposez dans un plat de service et garnissez de citron et de persil.

Valeurs nutritionnelles par portion

Calories : 381 | Lipides : 15,8 g | Protéines : 34,2 g | Sodium : 810 mg | Fibres : 3,8 g | Sodium : 810 mg | Glucides : 21,5 g | Glucides nets : 17,7 g | Sucre : 9,4 g

Poulet au citron et au thym

Le citron et le thym se marient pour faire ce délicieux poulet aux agrumes, mais ce n'est pas seulement la saveur que le thym offre. Il a également été démontré que cette herbe aide à abaisser la tension artérielle et le taux de cholestérol et peut même améliorer votre humeur.

Ingrédients :

- 4 cuisses de poulet avec la peau et 4 pilons de poulet avec la peau
- 3 citrons moyens, coupés en deux
- Zeste de 1 citron moyen
- 1 cuillère de beurre non salé, fondu
- ¼ cuillère de sel
- ½ cuillère de poivre noir fraîchement moulu
- 2 cuillères de feuilles de thym frais
- 6 feuilles de basilic frais, déchiquetées

Préparation :

1. Préchauffez le four à 190 °C.

2. Dans un grand bol, ajoutez le poulet. Pressez le jus des citrons dans un bol.

3. Ajoutez le zeste de citron, le beurre, le sel, le poivre et le thym ; mélangez bien avec vos mains. Placez le poulet dans un plat allant au four.

4. Faites cuire le poulet au four 40 minutes, en arrosant toutes les 10 minutes. La peau devrait devenir croustillante et la viande devrait être bien cuite.

5. Garnissez de feuilles de basilic et servez.

Valeurs nutritionnelles par portion

Calories : 480 | Lipides : 22,5 g | Protéines : 58,6 g | Sodium : 380 mg | Fibres : 0,5 g | Glucides : 2,3 g | Glucides nets : 1,8 g | Sucre : 0,6 g

Blanc de poulet farci aux épinards et au féta

Cette recette est facile à réaliser et ne nécessite que quelques ingrédients. Vous ne serez qu'à 30 minutes d'un délicieux repas lorsqu'il sera temps de rompre votre jeûne.

Ingrédients :

- 1 cuillère d'huile d'olive à l'ail
- 1 tasse de feuilles d'épinards fraîches
- ½ tasse de fromage féta émietté
- 2 blancs de poulet désossés, sans peau
- 1 gros œuf, légèrement battu
- 1 tasse de farine d'amandes

Préparation :

1. Préchauffez le four à 175 °C.

2. Faites chauffer l'huile dans une poêle moyenne à feu doux pendant 1 minute. Faites cuire les épinards jusqu'à ce qu'ils soient tendres, environ 3 minutes. Ajoutez le féta, remuez quelques fois et retirez du feu.

3. Déposez la moitié du mélange d'épinards sur chaque poitrine de poulet. Enroulez le poulet autour du mélange et fixez-le avec des cure-dents.

4. Dans un bol peu profond, ajoutez l'œuf. Dans un autre bol peu profond, ajoutez la farine d'amandes. Roulez chaque blanc de poulet dans l'œuf, enlevez l'excédent, puis roulez-les dans la farine d'amandes jusqu'à ce qu'ils soient bien enrobés.

5. Placez le poulet dans un plat à gratin. Laissez cuire 30 minutes et servez.

Valeurs nutritionnelles par portion

Calories : 395 | Lipides : 24,1 g | Protéines : 35,8 g | Sodium : 423 mg | Fibres : 1,8 g | Fibres : 1,8 g Glucides : 5,2 g | Glucides nets : 3,4 g | Sucre : 2,1 g

Saumon aux herbes

Le saumon est l'un des meilleurs poissons gras à consommer parce qu'il est riche en acides gras oméga-3 et qu'il ne contient pas beaucoup de mercure comme les gros poissons. Cependant, vous pouvez modifier cette recette et utiliser n'importe quel poisson que vous aimez.

Ingrédients :

- 1 filet de saumon
- ¼ cuillère de sel
- ½ cuillère de poivre noir fraîchement moulu
- ¼ tasse plus 2 cuillères d'huile d'olive
- ¼ tasse d'aneth frais haché
- 2 cuillères de romarin frais haché grossièrement
- ¼ tasse de persil frais à feuilles plates
- 2 cuillères de feuilles de thym frais
- 2 cuillères de jus de citron fraîchement pressé

Préparation :

1. Préchauffez le four à 120 °C.

2. Enduisez un plat allant au four de spray de cuisson. Déposez la peau du saumon vers le bas et saupoudrez de sel et de poivre.

3. Mélangez l'huile d'olive avec l'aneth, le romarin, le persil, le thym et le jus de citron dans un petit robot culinaire, environ 15 secondes. À l'aide d'une spatule ou de vos mains, tapotez la pâte d'herbes sur le saumon.

4. Faites cuire le saumon au four de 22 à 28 minutes selon l'épaisseur. Insérez les dents d'une fourchette dans la partie la plus épaisse du filet et tirez doucement. Si le poisson s'émiette facilement, c'est cuit.

5. Glissez une spatule sous le poisson et placez-la sur une planche à découper. Découpez en morceaux égaux et servez.

Valeurs nutritionnelles par portion

Calories : 342 | Lipides : 26,2 g | Protéines : 22,8 g | Sodium : 197 mg | Fibres : 0,5 g | Sodium : 197 mg | Glucides : 1,5 g | Glucides nets : 1,0 g | Sucre : 0,2 g

Coquilles Saint-Jacques cuites au four

Cette délicieuse recette de fruits de mer se prépare en moins de 30 minutes et se marie bien avec des haricots verts ou une salade d'accompagnement.

Ingrédients :

- 350 g de coquilles Saint-Jacques
- 2 cuillères de jus de citron fraîchement pressé
- 2½ cuillères de beurre non salé à l'herbe, fondu
- ¼ cuillère de sel
- ½ cuillère de poivre noir fraîchement moulu
- 2 cuillères de persil plat frais haché
- ½ tasse de farine d'amandes
- ½ cuillère de paprika fumé
- 2 cuillères d'huile d'olive

Préparation :

1. Préchauffez le four à 220 °C.

2. Mélangez les coquilles Saint-Jacques, le jus de citron, le beurre, le sel et le poivre dans un plat allant au four.

3. Dans un bol moyen, mélangez le persil, la farine d'amandes, le paprika et l'huile d'olive. Saupoudrez le mélange sur les pétoncles.

4. Faites cuire les pétoncles au four pendant 14 minutes jusqu'à ce qu'ils soient bien chauds et que la farine d'amandes soit dorée. Servez immédiatement.

Valeurs nutritionnelles par portion

Calories : 540 | Lipides : 42,7 g | Protéines : 26,8 g | Sodium : 907 mg | Fibres : 3,5 g | Glucides : 13,4 g | Glucides nets : 9,9 g | Sucre : 1,5 g

Curry de poisson

Le saumon contenu dans ce curry de poisson fournit une dose saine d'acides gras oméga-3 qui peuvent vous aider à combattre l'inflammation et à garder votre cerveau en santé.

Ingrédients :

- 1 carotte moyenne, pelée et hachée
- 2 tasses de bouillon de poulet
- ¼ cuillère de sauce de poisson sans gluten
- 400 ml de lait de coco entier non sucré, réfrigéré toute la nuit
- 1 tomate Roma moyenne, coupée en dés
- ½ branche de céleri, coupée en dés
- 1 cuillère de curry en poudre
- ¼ cuillère de cumin moulu
- ¼ cuillère de coriandre moulue
- ½ cuillère de curcuma moulu
- ¼ cuillère de gingembre fraîchement râpé
- 2 cuillères de coriandre fraîche hachée grossièrement
- 225 g de saumon sauvage, sans peau

Préparation :

1. Faites bouillir les carottes dans une casserole moyenne à feu vif jusqu'à ce qu'elles ramollissent légèrement, environ 3 minutes. Égouttez, jetez l'eau et ajoutez le bouillon de poulet et la sauce de poisson dans la poêle.

2. Ajoutez la crème de coco, la tomate, le céleri, la poudre de cari, le cumin, la coriandre et le curcuma dans la poêle.

3. Portez à ébullition à feu vif ; couvrez, réduisez le feu à doux et laissez mijoter 20 minutes, en remuant toutes les 5 minutes.

4. Incorporez le gingembre et la coriandre. Ajoutez le poisson et remuez pour couvrir de liquide.

5. Laissez cuire 5 minutes à feu moyen pour obtenir un poisson feuilleté, puis servez.

Valeurs nutritionnelles par portion

Calories : 592 | Lipides : 45,5 g | Protéines : 29,7 g | Sodium : 1 086 mg | Fibres : 3,8 g | Sodium : 1 086 mg | Glucides : 15,2 g | Glucides nets : 11,4 g | Sucre : 5,1 g

Poivrons farcis aux lentilles

Ces poivrons farcis aux lentilles sont encore meilleurs comme restes. Préparez-les à l'avance et conservez-les dans votre réfrigérateur pour un repas rapide qui sera prêt à manger lorsque vous serez prêt à rompre votre jeûne.

Ingrédients :

- 1 cuillère d'huile d'olive
- 2 oignons jaunes moyens, pelés et coupés en petits dés
- 2 branches moyennes de céleri, coupées en petits dés
- 2 grosses carottes, pelées et coupées en petits dés
- 4 tasses de bouillon de légumes,
- 3 tasses de lentilles rouges séchées
- 6 poivrons rouges moyens, le dessus coupé et mis de côté, les graines et les côtes enlevées
- 6 brins d'origan frais, le dessus réservé et le reste des feuilles hachées
- 85 g de fromage féta
- ¼ cuillère de grains de poivre noir fraîchement concassés

Préparation :

1. Faites chauffer l'huile dans une grande casserole à feu moyen pendant 1 minute. Ajoutez les oignons, le céleri et les carottes ; faites sauter 5 minutes, puis ajoutez 1 tasse de bouillon de légumes et les lentilles. Laissez mijoter 20 minutes jusqu'à ce que les lentilles soient complètement cuites.

2. Mettez les poivrons dans une grande casserole peu profonde avec les 3 tasses de bouillon de légumes qui restent. Couvrez et laissez mijoter à feu moyen pendant 10 minutes, puis retirez du feu.

3. Dans un grand bol, mélangez le mélange de lentilles, l'origan haché, le féta et les grains de poivre noir ; versez le mélange dans les poivrons.

4. Servez les poivrons avec le dessus des tiges entrouvertes. Garnissez avec les feuilles d'origan réservées.

Valeurs nutritionnelles par portion

Calories : 473 | Lipides : 7,8 g | Protéines : 28,3 g | Sodium : 745 mg | Fibres : 14,3 g | Sodium : 745 mg | Glucides : 75,3 g | Glucides nets : 61,0 g | Sucre : 8,7 g

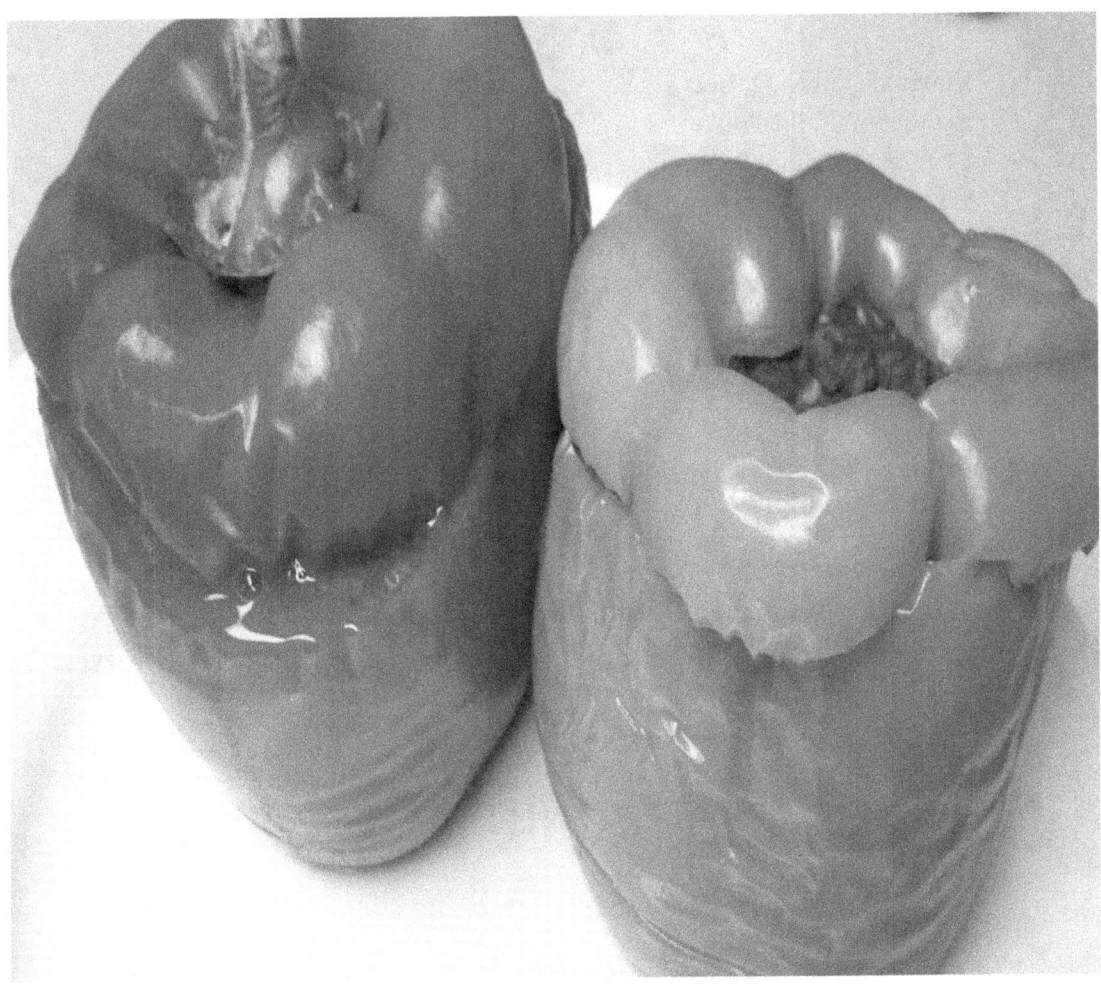

Poulet grillé

La cannelle et les clous de girofle ne sont peut-être pas votre première idée quand il s'agit de frotter les steaks, mais ces épices font ressortir des saveurs appétissantes.

Ingrédients :

- 1 tasse de vin rouge sec
- 1 cuillère d'huile d'olive
- 1 cuillère de cannelle moulue
- ½ cuillère de clou de girofle moulu
- 1 cuillère de cumin moulu
- ¼ cuillère de grains de poivre noir fraîchement concassés
- ¼ cuillère de sel
- 700 g de poulet à griller

Préparation :

1. Préchauffez le gril à feu moyen.

2. Dans un petit bol, mélangez le vin, l'huile et les assaisonnements. Enrobez la viande du mélange, puis griller jusqu'à la cuisson désirée. Tranchez et servez.

Valeurs nutritionnelles par portion

Calories : 170 | Lipides : 5,7 g | Protéines : 24,6 g | Sodium : 159 mg | Fibres : 0,4 g | Sodium : 159 mg | Glucides : 1,0 g | Glucides nets : 0,6 g | Sucre : 0,1 g

Aubergine Parmigiana

Cette aubergine Parmigiana a toute la saveur de la recette de votre grand-mère, mais avec une touche plus saine. La farine de noix de coco et la farine d'amandes donnent à l'aubergine une panure agréable tout en rendant cette recette sans gluten.

Ingrédients :

- 3 gros œufs, battus
- ½ tasse d'eau
- 1 tasse de farine de noix de coco
- 3 tasses de farine d'amandes
- 1 aubergine moyenne, tranchée finement
- ¼ tasse d'huile d'olive, e
- 700 g de sauce tomate sans sucre ajouté
- 450 g de fromage mozzarella, râpé
- 1 cuillère de persil plat frais haché

Préparation :

1. Dans un bol moyen peu profond, mélangez les œufs avec de l'eau. Dans un deuxième bol moyen peu profond, ajoutez la farine. Dans un troisième bol moyennement peu profond, ajoutez la farine d'amandes.

2. Trempez les deux côtés d'une tranche d'aubergine dans la farine et secouez l'excédent, puis plongez les deux côtés de la tranche dans le mélange d'œufs et secouez l'excédent, puis plongez les deux côtés de la tranche dans la farine d'amandes et secouez l'excédent. Mettez de côté. Répétez l'opération avec le reste des tranches d'aubergines.

3. Préchauffez le four à 175 °C.

4. Faites chauffer 2 cuillères d'huile dans une poêle moyenne épaisse à feu moyen pendant 1 minute.

5. Faîtes dorer les tranches dans une poêle chaude à feu moyen élevé (environ 3 minutes par tranche, 1½ minute par côté), en ajoutant le reste de l'huile au besoin. Égouttez les aubergines frites sur une grille ou sur du papier absorbant.

6. Disposez les tranches d'aubergines dans un plat allant au four. Garnissez chaque tranche de 1 cuillère de sauce tomate et d'un petit monticule de fromage râpé. Laissez cuire au four jusqu'à ce que le fromage soit fondu, doré et pétillant, soit environ 15 minutes.

7. Servez garni de persil haché, avec le reste de la sauce tomate à part.

Valeurs nutritionnelles par portion

Calories : 680 | Lipides : 41,9 g | Protéines : 42,5 g | Sodium : 1 672 mg | Fibres : 16,3 g | Sodium : 1 672 mg | Glucides : 34,7 g | Glucides nets : 18,4 g | Sucre : 14,1 g

Trempette aux artichauts

Cette trempette à l'artichaut est une version plus légère de l'original, mais avec le même goût délicieux. Vous pouvez le servir avec vos légumes préférés ou des craquelins sans gluten.

Ingrédients :

- 400 g de cœurs d'artichauts coupés en quartiers, égouttés, rincés et hachés
- 1 poivron rouge moyen, épépiné, épépiné et haché finement
- 1 poivron vert moyen, épépiné, épépiné et haché finement
- 3 gousses d'ail, pelées et émincées
- 2 tasses de mayonnaise maison
- ¼ cuillère de poivre blanc moulu
- 450 g de fromage parmesan râpé,

Préparation :

1. Préchauffez le four à 160 °C.

2. Dans un grand bol, mélangez tous les ingrédients sauf ¼ de parmesan. Étendez le mélange dans un plat allant au four et saupoudrez le reste du parmesan sur le dessus.

3. Laissez cuire au four 45 minutes jusqu'à ce que les pommes de terre soient dorées. Servez chaud.

Valeurs nutritionnelles par portion

Calories : 643 | Lipides : 53,9 g | Protéines : 17,8 g | Sodium : 1 616 mg | Fibres : 2,1 g | Sodium : 1 616 mg | Glucides : 14,0 g | Glucides nets : 11,9 g | Sucre : 12,3 g

Betteraves rôties

Le rôtissage apporte des jus naturels à la surface de ces racines magenta et les caramélise en une croûte sucrée et intensément parfumée. Les collations à base de betteraves peuvent réduire les envies de sucre, ce qui réduit les risques de manger des aliments malsains pendant la période de repas.

Ingrédients :

- 900 g de betteraves, coupées en quartiers
- 1 cuillère d'huile d'olive
- ¼ cuillère de cannelle moulue
- ¼ cuillère de sel
- ¼ cuillère de persil plat frais haché

Préparation :

1. Préchauffez le four à 175 °C.

2. Dans un grand bol, mélangez les betteraves avec l'huile d'olive, la cannelle et le sel. Étendez en une seule couche sur une plaque à pâtisserie antiadhésive.

3. Laissez rôtir sur la grille du milieu du four jusqu'à ce que les betteraves soient tendres, environ 1 heure, en les retournant une fois après 30 minutes. Servez chaud, saupoudré de persil haché.

Valeurs nutritionnelles par portion

Calories : 52 | Lipides : 1,7 g | Protéines : 1,4 g | Sodium : 139 mg | Fibres : 2,5 g | Sodium : 139 mg | Glucides : 8,3 g | Glucides nets : 5,8 g | Sucre : 5,8 g

Tomates farcies aux champignons

Utilisez n'importe quelle sorte de tomates mûres que vous préférez pour ce plat. Tard dans la saison, les tomates Roma sont généralement le meilleur choix, car elles se conservent longtemps même mûres.

Ingrédients :

- 4 échalotes moyennes, pelées et hachées finement
- 2 cuillères d'huile d'olive, e
- 450 g de champignons blancs, hachés finement
- 1¼ cuillère de sel,
- ¼ tasse de vin blanc
- ¼ tasse de persil plat frais haché finement
- ¼ cuillère de poivre noir fraîchement moulu
- 6 grosses tomates Roma mûres, coupées en deux sur la largeur, extrémités arrondies et coupées à plat
- 3 cuillères de farine d'amandes

Préparation :

1. Préchauffez le four à 175 °C.

2. Faites sauter les échalotes avec 1 cuillère d'huile d'olive 1 minute dans une grande poêle à feu moyen. Ajoutez les champignons et 1 cuillère de sel et faites chauffer à feu vif. Faites cuire, en remuant de temps en temps, environ 5 minutes, jusqu'à ce que les champignons aient renoncé à leur eau et que la plupart de l'eau se soit évaporée.

3. Ajoutez le vin blanc dans la poêle et faites cuire 5 minutes de plus jusqu'à ce que le vin soit presque complètement évaporé. Incorporez le persil, retirez du feu et poivrez.

4. Retirez les viscères des tomates et assaisonnez les tasses de tomates avec le reste du sel. Remplissez chaque tomate de farce aux champignons de façon à ce qu'elle s'amoncelle légèrement, en saupoudrant chaque motte d'un peu de farine d'amandes.

5. Déposez les tomates farcies dans un plat allant au four et arrosez avec le reste de l'huile d'olive. Cuire au four 25 minutes, jusqu'à ce que le mélange soit tendre. Servez chaud.

Valeurs nutritionnelles par portion

Calories : 106 | Lipides : 6,4 g | Protéines : 4,2 g | Sodium : 495 mg | Fibres : 2,7 g | Sodium : 495 mg Glucides : 9,3 g | Glucides nets : 6,6 g | Sucre : 5,1 g

Confiture d'oignons

La douceur concentrée et la saveur naturellement complexe de cet oignon caramélisé à tartiner proviennent d'une cuisson lente, qui décompose les parois cellulaires des oignons et libère 100 % de leur saveur. Servir avec des craquelins sans gluten.

Ingrédients :

- 2 cuillères d'huile d'olive
- 2 brins de thym frais, sans les tiges
- 8 gros oignons blancs, pelés, coupés en deux et tranchés finement en travers du grain
- ½ cuillère de sel

Préparation :

1. Faites chauffer l'huile dans un grand four hollandais à fond épais à feu moyen pendant 1 minute jusqu'à ce que l'huile scintille mais ne fume pas. Ajoutez le thym et les oignons émincés. Assaisonnez de sel.

2. Baissez le feu à doux ; faites cuire doucement, en remuant doucement avec une cuillère en bois. Lorsque les oignons commencent à caraméliser (brunir), utilisez la cuillère en bois pour racler les jus séchés du fond de la casserole ; remuez régulièrement pour incorporer autant de ces jus dorés que possible. Faites cuire de cette façon jusqu'à ce que les oignons soient brun foncé et qu'ils se désintègrent en une pâte épaisse, environ 40 minutes au total.

3. Retirez du feu et laissez refroidir à la température ambiante ou servez chaud.

Valeurs nutritionnelles par portion

Calories : 89 | Lipides : 3,4 g | Protéines : 1,7 g | Sodium : 151 mg | Fibres : 2,6 g | Sodium : 151 mg | Glucides : 14,0 g | Glucides nets : 11,4 g | Sucre : 6,4 g

Œufs farcis

Ces œufs farcis sont une variante des œufs et constituent un excellent premier plat ou une garniture pour une salade de plat principal. Leur dessus est joliment doré sous le grilloir.

Ingrédients :

- 8 gros œufs durs, pelés et coupés en deux sur la longueur
- ¼ tasse de moutarde de Dijon
- 3 cuillères de lait de coco entier non sucré et entier
- 2 cuillères d'échalotes finement hachées
- 1 cuillère de vinaigre de vin de riz
- 1 cuillère de ciboulette fraîche hachée
- 1 cuillère d'estragon frais haché
- ¼ cuillère de sel
- ¼ cuillère de poivre blanc moulu
- ¼ tasse de beurre non salé

Préparation :

1. Allumez le gril du four à feu doux.

2. Retirez les jaunes d'œufs des blancs et mélangez les jaunes avec la moutarde, le lait, les échalotes, le vinaigre, la ciboulette et l'estragon dans un bol moyen. Assaisonnez de sel et de poivre. Transférez le mélange dans une poche à douille et versez-le dans les blancs d'œufs (vous pouvez aussi utiliser une cuillère).

3. Placez les œufs farcis dans un plat allant au four. Badigeonnez le dessus de beurre et faites griller jusqu'à ce que le dessus soit légèrement doré, soit environ 5 minutes. Servez tiède.

Valeurs nutritionnelles par portion

Calories : 161 | Lipides : 12,3 g | Protéines : 7,1 g | Sodium : 340 mg | Fibres : 0,1 g | Glucides : 1,9 g | Glucides nets : 1,8 g | Sucre : 0,8 g

Granola aux canneberges et aux amandes

Ce granola aux canneberges et aux amandes est une délicieuse collation, mais vous pouvez le préparer un repas en le déposant sur du yogourt au lait de coco ou en versant du lait de coco ou d'amandes et en garnissant de bananes en tranches.

Ingrédients :

- 1 cuillère de noix de Grenoble entières
- 1 cuillère de graines de lin
- 1 tasse de flocons d'avoine sans gluten
- 1 cuillère d'amandes effilées
- ½ cuillère de cannelle moulue
- 3 cuillères d'huile de noix de coco, fondue
- 3 cuillère de sirop d'érable pur
- ¼ cuillère d'extrait de vanille sans alcool
- ¼ cuillère d'extrait d'amande sans alcool
- 2 cuillères de canneberges séchées sans sucre ajouté

Préparation :

1. Préchauffez le four à 175 °C.

2. À l'aide d'un robot culinaire ou d'un mélangeur, battez les noix jusqu'à ce qu'elles soient moulues, environ 5 secondes. Transférez les noix dans un grand bol. Ajoutez ensuite les graines de lin au processeur et pulsez jusqu'à ce qu'elles soient finement moulues, environ 10 secondes. Transférez dans un grand bol avec les noix. Ajoutez l'avoine, les amandes et la cannelle dans le bol. Remuez pour bien combiner.

3. Dans un petit bol, mélangez l'huile, le sirop d'érable, l'extrait de vanille et l'extrait d'amande. Versez le mélange d'avoine dans un grand bol et mélangez.

4. Étalez le granola sur une plaque à pâtisserie non graissée à rebord et faites cuire au four pendant 15 minutes. Remuez de temps en temps pour vous assurer que le granola prenne une couleur brun clair.

5. Retirez du four et ajoutez les canneberges en remuant pour bien mélanger. Servez tiède. Conservez dans un récipient hermétique au réfrigérateur jusqu'à 3 semaines.

Valeurs nutritionnelles par portion

Calories : 105 | Lipides : 5,8 g | Protéines : 1,9 g | Sodium : 1 mg | Fibres : 1,6 g | Protéines : 1,9 g Glucides : 11,4 g | Glucides nets : 9,8 g | Sucre : 4,0 g

Mini Pizza aux aubergines

Ces mini bouchées de pizza aux aubergines cuites au four vous donnent toute la saveur de la pizza avec beaucoup plus de nutriments et sans gluten. Ils font une excellente collation à emporter ou un mini repas tout seuls.

Ingrédients :

- 2 aubergines moyennes, extrémités supérieure et inférieure coupées, coupées en tranches rondes
- ½ cuillère de sel
- 2 gros œufs, battus
- 3/4 tasse de farine d'amandes
- 2 cuillères d'origan séché
- 2 cuillères d'huile d'olive
- ½ tasse de sauce marinara
- ¼ tasse de fromage mozzarella râpé

Préparation :

1. Préchauffez le four à 200 °C.

2. Découpez les côtés des cercles d'aubergines pour obtenir des formes carrées. Mettez les tranches dans une passoire et mélangez-les avec le sel. Laissez reposer 10 minutes, puis rincez à l'eau.

3. Dans un petit bol peu profond, ajoutez les œufs. Dans un deuxième petit bol peu profond, ajoutez la farine d'amandes et l'origan, en remuant bien pour bien mélanger. Enrobez les carrés d'aubergines dans les œufs, retirez l'excédent, puis draguez-les dans la farine d'amandes. Déposez les tranches sur une ou deux plaques à pâtisserie antiadhésives.

4. Versez lentement un peu d'huile d'olive pour couvrir le dessus de chaque carré. Faites cuire au four 12 minutes.

5. Retirez la plaque à pâtisserie du four et déposez la sauce marinara au centre de chaque carré, en laissant les bords des aubergines non couverts. Saupoudrez de mozzarella sur les carrés. Laissez cuire 3 minutes de plus jusqu'à ce que le

fromage soit fondu. Servez chaud.

Valeurs nutritionnelles par portion

Calories : 247 | Lipides : 16,5 g | Protéines : 9,0 g | Sodium : 322 mg | Fibres : 9,3 g | Sodium : 322 mg | Glucides : 19,5 g | Glucides nets : 10,2 g | Sucre : 11,2 g

Muffins façon pizza au quinoa

Ces muffins façon pizza sont une variante plus saine et sans gluten du classique préféré des amateurs : muffins façon pizza anglais. Ils satisferont vos envies de pizza avec une dose supplémentaire de nostalgie.

Ingrédients :

- 1 tasse de quinoa non cuit, rincé
- 2 tasses d'eau
- 2 gros œufs, battus
- 1½ tasse de fromage mozzarella râpé en filaments
- ½ tasse d'épinards frais hachés
- ¼ tasse de basilic frais haché
- 1 cuillère d'origan séché
- ½ cuillère de sel
- ½ cuillère de poivre noir fraîchement moulu
- 1½ tasse de sauce marinara sans sucre ajouté

Préparation :

1. Dans une casserole moyenne, mélangez le quinoa avec de l'eau. Faites bouillir à feu vif. Réduisez le feu à doux, couvrez et laissez mijoter jusqu'à ce que le quinoa soit tendre, environ 15 minutes.

2. Préchauffez le four à 175 °C. Enduisez un moule à muffins de 12 tasses de spray de cuisson.

3. Dans une casserole avec le quinoa, mélangez les œufs, le fromage, les épinards, le basilic, l'origan, le sel et le poivre.

4. Ajoutez ¼ tasse de mélange dans chaque moule à muffins. Pressez doucement sur le mélange avec le dos d'une cuillère ou avec les doigts.

5. Faites cuire au four 20 minutes. Laissez refroidir 5 minutes et servez nappé de sauce marinara chaude.

Valeurs nutritionnelles par portion

Calories : 119 | Lipides : 4,4 g | Protéines : 6,7 g | Sodium : 278 mg | Fibres : 1,6 g | Sodium : 278 mg | Glucides : 12,1 g | Glucides nets : 10,5 g | Sucre : 1,7 g

Confiture de graines de chia aux framboises

Cette confiture est délicieuse sur un pâté chaud, sur du pain grillé sans gluten avec du beurre ou mélangée dans un yogourt au lait de coco ou à base d'herbe ou de noix de coco.

Ingrédients :

- 170 g de framboises fraîches
- 1 cuillère de jus de citron fraîchement pressé
- 1 cuillère de zeste de citron
- 2½ cuillères de sirop d'érable pur
- 1 cuillère de graines de chia

Préparation :

1. Versez les framboises, le jus de citron, le zeste de citron et le sirop d'érable dans une casserole à feu moyen élevé. Couvrez et remuez de temps en temps jusqu'à ce que les fruits commencent à épaissir, environ 10 minutes.

2. Découvrez et portez le mélange à ébullition à feu vif (en remuant souvent) jusqu'à l'obtention d'une consistance semblable à celle d'une sauce, environ 5 minutes.

3. Incorporez les graines de chia et faites cuire, sans couvrir, pendant 2 minutes supplémentaires. Remuez et retirez du feu.

4. Une fois la confiture refroidie, transférez-la dans un bocal hermétique et réfrigérez-la 3 heures avant de l'utiliser. La confiture continuera d'épaissir et peut être réfrigérée jusqu'à 2 semaines ou congelée jusqu'à 2 mois.

Valeurs nutritionnelles par portion (2 cuillères)

Calories : 34 | Lipides : 0,5 g | Protéines : 0,5 g | Sodium : 1 mg | Fibres : 1,9 g | Protéines : 0,5 g Glucides : 7,5 g | Glucides nets : 5,6 g | Sucre : 4,8 g

Pommes au four

Ces pommes cuites au four satisfont une envie sucrée sans aucun édulcorant ajouté. Laisser la peau sur les pommes pour un surplus de fibres.

Ingrédients :

- 6 grosses pommes, dénoyautées
- 1 tasse de noix de coco non sucrée râpée
- 1 cuillère de cannelle moulue

Préparation :

1. Préchauffez le four à 175 °C.

2. Placez les pommes dans un plat allant au four moyen. Farcissez chaque centre de pomme de noix de coco et saupoudrez de cannelle.

3. Laissez cuire au four 15 minutes. Les pommes sont cuites lorsqu'elles sont complètement molles et brunes sur le dessus. Servez chaud.

Valeurs nutritionnelles par portion

Calories : 203 | Lipides : 8,0 g | Protéines : 1,4 g | Sodium : 2 mg | Fibres : 7,5 g | Glucides : 31,3 g | Glucides nets : 23,8 g | Sucre : 21,6 g

Chutney aux canneberges

Ce chutney aux canneberges est un délice satisfaisant en soi, mais il constitue également une excellente garniture pour les gâteaux au chocolat.

Ingrédients :

- 2 tasses de canneberges fraîches ou congelées
- ¼ tasse d'oignon rouge pelé en petits dés
- 1 tasse de sucre de coco
- 6 clous de girofle entiers
- ¼ tasse d'eau

Préparation :

Mélangez tous les ingrédients dans une petite casserole à fond épais. Laissez mijoter à feu doux pendant 15 minutes jusqu'à ce que toutes les canneberges soient brisées et qu'elles aient une consistance moelleuse. Retirez du feu. Servez chaud.

Valeurs nutritionnelles par portion

Calories : 414 | Lipides : 0,1 g | Protéines : 0,6 g | Sodium : 2 mg | Fibres : 4,9 g | Protéines : 0,6 g Glucides : 110,1 g | Glucides nets : 105,2 g | Sucre : 100,9 g

Mug Cake au chocolat

Vous pouvez réduire la teneur en glucides de ce cake au chocolat en remplaçant le sirop d'érable par du stévia ou des fruits de moine.

Ingrédients :

- ¼ tasse de farine d'amandes
- 1 cuillère de cacao brut non sucré en poudre
- 1½ cuillère de sirop d'érable
- 1 cuillère de lait de coco écrémé et non sucré
- 1 cuillère d'huile de noix de coco
- 1 cuillère d'extrait de vanille
- 1 gros œuf

Préparation :

1. Combinez tous les ingrédients dans une grande tasse et fouettez avec une fourchette pour bien mélanger.

2. Faites cuire au micro-ondes 90 secondes jusqu'à ce qu'un cure-dent inséré au centre en ressorte propre.

3. Servez immédiatement.

Valeurs nutritionnelles par portion

Calories : 388 | Lipides : 24,0 g | Protéines : 13,4 g | Sodium : 74 mg | Fibres : 4,0 g | Glucides : 30,0 g | Glucides nets : 26,0 g | Sucre : 19,9 g

Barres à l'avoine et aux framboises

Ces barres à l'avoine et aux framboises sont assez sucrées pour satisfaire une envie de dessert, mais aussi assez saines pour être mangées au déjeuner. Doublez la recette et conservez-la au congélateur. Vous pouvez les décongeler et prendre un petit-déjeuner rapide prêt à partir quand il est temps de rompre votre jeûne.

Ingrédients :

- ½ cuillère de sucre de coco
- 1¼ tasse de lait d'amande non sucré
- ½ cuillère d'extrait de vanille sans alcool
- 1 gros œuf
- ¼ tasse de sirop d'érable pur
- 3½ tasses d'avoine à cuisson rapide sans gluten
- 2 cuillères de jus de citron fraîchement pressé
- 2 tasses de framboises fraîches

Préparation :

1. Préchauffez le four à 175 °C.

2. Dans un grand bol, fouettez ensemble le sucre, le lait, la vanille, l'œuf et le sirop d'érable. Ajoutez l'avoine, le jus de citron et les framboises. Bien remuer pour bien mélanger.

3. Versez le mélange dans un plat allant au four graissé de beurre et faites cuire 25 minutes.

4. Laissez refroidir 1 heure, puis coupez en 12 petits rectangles. Laissez au réfrigérateur dans un récipient hermétique jusqu'au moment de servir, jusqu'à 3 jours. Servez tiède.

Valeurs nutritionnelles par portion

Calories : 143 | Lipides : 2,5 g | Protéines : 5,0 g | Sodium : 25 mg | Fibres : 4,4 g | Sodium : 25 mg Glucides : 24,4 g | Glucides nets : 20,0 g | Sucre : 5,8 g

Cookies au beurre d'arachide

Ces biscuits sont très faciles et rapides à préparer et utilisent un minimum d'ingrédients naturels. Préparez-les à l'avance et conservez-les pour un dessert rapide que vous pourrez manger avant la fin de votre fenêtre d'alimentation.

Ingrédients :

- 1 tasse de beurre d'arachide entièrement naturel sans sucre ajouté
- 1 tasse de sucre de coco
- 1 cuillère d'extrait de vanille sans alcool
- 1 cuillère de sirop d'érable pur
- 1 gros œuf
- ½ cuillère de sel

Préparation :

1. Préchauffez le four à 175 °C.

2. Dans un bol moyen, mélangez le beurre d'arachide, le sucre, la vanille, le sirop d'érable et l'œuf.

3. Déposez une cuillerée à soupe de pâte pour chaque biscuit, formez une boule et placez-la sur une plaque à pâtisserie non graissée à environ 3 cm d'intervalle. À l'aide d'une fourchette, appuyer doucement sur les biscuits pour les aplatir. Tournez la fourchette et appuyez de nouveau pour créer un motif à hachures croisées. Saupoudrez légèrement du sel sur les biscuits.

4. Faites cuire au four 5 minutes, puis retournez la plaque à 180 degrés et continuez à cuire encore 5 minutes. Les biscuits doivent être brun doré sur les bords. Laissez refroidir 10 minutes avant de servir.

Valeurs nutritionnelles par portion

Calories : 136 | Lipides : 7,8 g | Protéines : 3,9 g | Sodium : 47 mg | Fibres : 0,9 g | Sodium : 47 mg
Glucides : 13,2 g | Glucides nets : 12,3 g | Sucre : 11,8 g

Tarte aux pêches

Lorsque les pêches sont de saison, ce délicieux dessert est un incontournable.

Ingrédients :

- 4 tasses de pêches fraîches tranchées, pelées et évidées
- ¼ tasse de sucre de noix de coco
- 1 cuillère de jus de citron fraîchement pressé
- 1 croûte de croûte préparée

Préparation :

1. Dans un grand bol, combinez les pêches, le sucre et le jus de citron et mélangez pour bien enrober.

2. Versez les pêches dans la croûte à tarte préparée et réfrigérez 5 heures ou jusqu'au lendemain avant de servir.

Valeurs nutritionnelles par portion

Calories : 773 | Lipides : 73,7 g | Protéines : 6,0 g | Sodium : 2 mg | Fibres : 6,8 g | Sodium : 2 mg | Glucides : 25,7 g | Glucides nets : 18,9 g | Sucre : 18,0 g

Salade de fruits au gingembre

La salade de fruits traditionnelle est une salade de quelques fruits et melons réunis et servis. Cette recette comprend une savoureuse vinaigrette de jus de citron fraîchement pressé et de gingembre haché pour une expérience gustative rehaussée qui fera de la salade de fruits quelque chose de complètement nouveau.

Ingrédients :

- 1 pamplemousse moyen, pelé, épépiné et coupé en quartiers
- 1 tasse de morceaux d'ananas
- 1 tasse de raisins verts sans pépins, tranchés
- 1 pomme Granny Smith moyenne, évidée et hachée
- 1 tasse de cantaloup coupé en cubes, pelé et épépiné
- 1 tasse de melon miel coupé en cubes, pelé et épépiné
- 3 cuillères de jus de citron fraîchement pressé
- 2 cuillères de gingembre fraîchement pelé et râpé
- ½ tasse de noix de coco, râpée
- ¼ tasse de pointes de cacao crues

Préparation :

1. Dans un grand bol, combinez les fruits, le jus de citron, le gingembre, la noix de coco et les plumes de cacao. Mélangez pour bien enrober.

2. Répartissez la salade dans deux saladiers et servez.

Valeurs nutritionnelles par portion

Calories : 459 | Lipides : 17,9 g | Protéines : 5,0 g | Sodium : 46 mg | Fibres : 14,3 g | Sodium : 46 mg | Glucides : 74,1 g | Glucides nets : 59,8 g | Sucre : 44,5 g

À propos de l'auteure

Teresa COOK, diététicienne professionnelle et experte en conditionnement physique, est née en 1971 aux États-Unis et y réside avec sa famille. Elle est une scientifique en nutrition avec plus de 14 ans d'expérience professionnelle. Élevée dans une famille unique et petite, la pratique d'une alimentation saine a été strictement suivie par sa famille et fait toujours partie de sa vie. Elle est diplômée de l'Université Illinois, Chicago, États-Unis, avec une licence en nutrition et travaille actuellement comme nutritionniste professionnelle.

Elle a enrichi sa formation en étudiant et en pratiquant à l'Université West Chester, en Pennsylvanie. Elle a également acquis une vaste expérience clinique et enseigné la nutrition alimentaire au niveau collégial en Nouvelle-Zélande.

Passionnée par le travail avec les personnes souffrant d'intolérances alimentaires, elle sert ses clients en menant des consultations approfondies en fournissant des recommandations personnalisées concernant le style de vie, la nutrition, la phytothérapie, le yoga et la condition physique générale. Connaissant le lien entre l'intolérance alimentaire et les maladies chroniques, comme la polyarthrite rhumatoïde, le diabète et le cancer, Teresa a été le point central de la recherche et des pratiques cliniques.

Elle a gagné en popularité dans sa communauté en tant que mentore, éducatrice, conseillère, auteure et mère. Son expérience professionnelle couplée à l'expérience de changement de vie qu'elle a rencontrée avec les nombreux clients auxquels elle a fait face lui a permis d'écrire des livres dans le but d'aider différents individus et famille à garder une bonne forme, manger bien, et vivre une vie saine.

Teresa est sympathique et a une personnalité attachante. Elle aime passer du temps avec ses amis et sa famille et pratique le yoga avec sa fille. Elle est passionnée par l'apprentissage et la recherche de modes de vie sains pour ses amis et sa famille. Elle aime pratiquer ce qu'elle prêche et défendre ses valeurs de vivre un mode de vie sain et non toxique.

Conversion des unités de mesure

Conversion de mesure liquide - tasse en millilitre	
1/8 cuilliere à thé =	0.5 ml
1/4 cuilliere à thé =	1.25 ml
1/2 cuilliere à thé =	2.5 ml
1 cuilliere à thé =	5 ml
1 1/2 cuilliere à thé =	7.5 ml
1/4 cuilliere à thé =	4 ml
1/2 cuilliere à thé =	7.5 ml
1 cuilliere à thé =	15 ml
1/8 tasse =	30 ml
1/4 tasse =	60 ml
1/3 tasse =	80 ml
3/8 tasse =	90 ml
1/2 tasse =	125 ml
5/8 tasse =	150 ml
2/3 tasse =	160 ml
3/4 tasse =	180 ml
7/8 tasse =	210 ml
1 tasse =	250 ml
1 1/4 tasse =	300 ml
1 1/2 tasse =	375 ml
1 3/4 tasse =	475 ml
2 tasse =	500 ml
3 tasses =	750 ml
4 tasse =	1000 ml = 1 litre
8 tasse =	2000 ml = 2 litre

À lire aussi : Régime Cétogène : Perdez du poids en mangeant du gras !

Régime Cétogène et Jeûne Intermittent

www.ingramcontent.com/pod-product-compliance
Lightning Source LLC
Chambersburg PA
CBHW080455220526
45465CB00006B/2281